"十三五"普通高等教育本科部委级规划教材

服装美学

毕虹◎编著

中国纺织出版社
国家一级出版社
全国百佳图书出版单位

前　言

服装美学是一门既理性又感性的学科。它具有跨学科性质，在美学学科中它是应用美学的一个分支，在服装学中它是服装文化研究的一个侧面。作为服装专业的基础理论课，服装美学的教学目标有两个：一是，使学生了解、掌握服装美学的专业知识；二是，在此基础上提高学生服装审美鉴赏力以及服饰文化修养，拓宽专业视野。在服装美学教学中，常常会碰到理论教学枯燥，学生学习兴趣不高，学习效果仅停留在课本上的理论知识，无法进行学科间的有效联系，学科特色没有充分体现出来，以及对美学和服装美学的认识不足等现象。针对以上问题，本书在内容选取、教学方法上进行了一些探索。

在内容上着重体现服装美学与美学之间的学科联系、服装美学与服装专业相关学科之间的联系。服装美学属于美学在实践领域里的应用，是一门实用美学。对于服装美学的学习既有理性思考又有感性认识，美学中的一些原理、观点可为服装美学所用，但这种"所用"绝非生拉硬扯的勉强套用，而是把部分美学原理作为思考方法去分析服装美和服装审美现象。因此，在编写中增设了"美学链接"这一教学环节，旨在让学生在涉猎一些美学原理或者说美学基础知识的同时，展开对服装美学的学习。这样在美学与服装美学之间架起一座桥，使学生在学习过程中体会到服装美学的学科特色。

美学是一门交叉性学科，谈美、论美几乎是所有服装学科都要涉及到的问题。因此，哪些是服装美学的学习内容是需要斟酌的问题。为了体现服装美学和其他服装学科的相互联系，本书使用大量相关学科案例来解释服装美学问题，如服装史、服装设计、服装营销、服装结构等。在参照美学原理和服装学的相关书籍之后，将本书主要内容列为五章：第一章、第二章、第三章，属于服装美问题；第四章、第五章，属于服装美感问题。第一章，绪论，主要介绍美学与服装美学的学科特点和内容。作为美学的介绍只是一个蜻蜓点水的"入门说明"，旨在使学生明确美学的学科体系，以便引入服装美学的学习。对于服装美学的介绍重在明确学科内容和学习意义。第二章，服装美的分类，将服装美分为现实美与艺术美两大类，并着重讲述各自特点。其分类依据是美学中关于美的分类。第三章，服装美的基本问题，讲述服装美与人体美、服装美与性别两个问题，这也是谈到服装美首要涉及的问题。第四章，服装美感，主要列举了服装美感的产生、传播、特征、审美趣味等相关问题。第五章，服装审美现象，选取了当代国内外具有典型性的服装审美现象作为案例进行分析与鉴赏，有些审美现象至今还能在大学校园里反映出来（如嘻哈服装审美现象、牛仔服审美现象）。通过这部分内容的学习，使学生了解那些被他们"穿"在身上的服装审美现象的审美文化根源，借此来提高服装鉴赏力。

在教学方法上，本着理论与实践相结合的原则，在课后作业环节增设了实训项目，如街头服装审美调研、校园服装审美现象收集与讨论。通过这样的形式一方面可以调动学生的学习兴趣；另一方面将所授内容运用到实践中。诚然，服装美学是服装专业中的一门理论课程，理论课程的学习目标不仅是使学生学习到专业知识，还在于在潜移默化中培养学生思考问题、分析问题的能力。因此，在教学过程中建议课堂以讨论等形式对所讲授的知识进行分析，课后通过写作（议论文）的形式要求学生将所学内容结合个人见解进行论述，并给予指导。本书中的"深入思考"环节，就是鉴于此而设置的。在实际教学中，建议以图片、影像资料等多种形式丰富课堂教学活动。

另外，需要提及的是服装美学是具有时效性的课程。这是因为，人类的审美观念以及审美标准总是随着时代的变化而有所改变的。每一个历史时期新的、有代表意义的服装审美现象都是服装美学的涉猎内容。因此，对本书的编写以及内容的调整绝不是一劳永逸的，而应与时俱进。正因如此，服装美学才"青春永驻"。

本书对服装艺术美仅作了少量介绍，而对服装装饰（饰品）之美还未涉及，因此在这些美的领域里还有很多迷人的风景等着我们去探索和领略。

在本书编写过程中得到中国纺织出版社李春奕编辑的鼓励与鼎力帮助，在此深表感谢！最后，恳请专家、学者以及读者批评指正。

编著者

2017 年 2 月

教学内容及课时安排

章 / 课时	课程性质 / 课时	节	课程内容
第一章 （2 课时）			● 第一章　绪论
	基础理论 服装美 （14 课时）	一	第一节　什么是美学
		二	第二节　什么是服装美学
第二章 （6 课时）			● 第二章　服装美的分类
		一	第一节　服装现实美
		二	第二节　服装艺术美
第三章 （6 课时）			● 第三章　服装美的基本问题
		一	第一节　服装美与人体美
		二	第二节　服装美与性别
第四章 （8 课时）	理论应用 服装审美 （16 课时）		● 第四章　服装美感
		一	第一节　服装美感的产生与传播
		二	第二节　服装美感的特征
		三	第三节　服装审美趣味
第五章 （8 课时）			● 第五章　服装审美现象
		一	第一节　当代国外服装审美现象
		二	第二节　当代国内服装审美现象

注　各院校可根据自身的教学特点和教学计划对课程时数进行调整。

contents

目 录

第二章　服装美的分类 / 027

第一节　服装现实美 / 028
　　一、现实美与服装现实美 / 029
　　二、服装现实美的属性 / 029
　　三、服装现实美的美学特征 / 038
第二节　服装艺术美 / 040
　　一、艺术美与服装艺术美 / 041
　　二、服装艺术美的美学特征 / 041
　　三、服装现实美与服装艺术美的关系 / 051

第一章　绪论 / 011

第一节　什么是美学 / 012
　　一、关于美的探讨 / 012
　　二、美学的诞生 / 018
　　三、美学研究对象 / 019
　　四、美学学科特点 / 020
第二节　什么是服装美学 / 021
　　一、服装美学研究对象 / 021
　　二、服装美学学科特点 / 022
　　三、服装美学现实意义 / 023

第三章　服装美的基本问题 / 055

第一节　服装美与人体美 / 056
　　一、人体美的审美表达 / 056
　　二、创造"理想"人体美的方法 / 058
第二节　服装美与性别 / 080
　　一、历史上的衣着和性别 / 081
　　二、两性服装审美特点 / 083

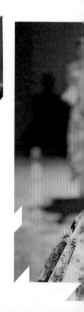

第四章　服装美感 / 097

第一节　服装美感的产生与传播 / 098
　　一、服装美感的产生 / 098
　　二、服装美感的传达 / 107
第二节　服装美感的特征 / 111
　　一、服装美感的差异性 / 112
　　二、服装美感的共性 / 115
第三节　服装审美趣味 / 118
　　一、自然美的服装审美趣味 / 119
　　二、人工美的服装审美趣味 / 123
　　三、怀旧服装的审美趣味 / 127

第五章　服装审美现象 / 133

第一节　当代国外服装审美现象 / 134
　　一、嬉皮服装审美现象 / 134
　　二、朋克服装审美现象 / 138
　　三、嘻哈服装审美现象 / 146
　　四、牛仔裤审美现象 / 151
第二节　当代国内服装审美现象 / 158
　　一、"军装时尚"审美现象 / 158
　　二、"汉服热"审美现象 / 160
　　三、"日、韩时尚热"服装审美现象 / 162

参考文献 / 167

基础理论

让我们徜徉在服装美的世界，
领略它的独特风景

课题名称：绪论

课题内容：1. 什么是美学
2. 什么是服装美学

课题时间：2 课时

教学目的：1. 了解美学的性质、研究内容以及特点。
2. 了解服装美学与美学的关系；服装美学的学习内容以及
意义。

教学重点：美学与哲学的关系；美学的研究对象；服装美学的研究对象
和学科特点。

教学要求：1. 教学方法——以讲授法为主。
2. 问题互动——以课堂讨论的形式，选取课程重点内容与
学生进行问题互动，并进行总结。

第一章

绪论

导语：毫无疑问，缺乏美的生活将是枯燥无味的。正因如此，美作为人类生活的一种追求便应运而生，我们在"美"的世界里，得到滋养和愉悦，于是我们便想把"美""看"得更清楚些！这样，一门关于"美"的学问——美学诞生了。"爱美之心，人皆有之"，我们用美装点生活，更用美装扮自身形象，由此服装与美结缘产生了服装美学。既然美是如此动人，那么就让我们兴致盎然地踏上这条寻美之路，走进美学、走进服装美学。

第一节 | 什么是美学

　　服装美学是美学的一门分支学科，它是美学学科体系高度发展的结果，也是美学发展顺应时代需求，在日常生活领域的实践应用。服装美学隶属于美学，与美学有着亲密的"血缘关系"。因此，我们在进入服装美学的学习之前，先来做个"热身运动"了解一下什么是美学，以便为服装美学的学习做个铺垫。

　　谈到美学，自然会让人联想到"美"。顾名思义，这是一门关于"美"的学问，或者说这是一门教人进行美丑判断的学问。然而，这种望文生义的理解并非完全正确。美，固然是美学的核心，但是美学的任务并不是教会人们认识日常事物中的美丑。那么，美学是一门怎样的学问呢？为什么它会吸引无数先辈哲人在这块园地孜孜以求的耕耘着，它的魅力何在？"美"是美学的"根"。谈美、论美、研究美是美学的主要内容。没有这个问题，也就没有美学了。因此，我们不妨先来"刨"一下这个"根"，以此，走进美学。

一、关于美的探讨

　　生活中充满了美，如诗如画的大自然、巧夺天工的艺术品、助人为乐的好品德、美景、美人、美餐……尽管这些美的事物千差万别，但人们面对美的态度却是一致的，那就是我们欣赏美、追求美、热爱美，并不断创造美。可以说，爱美是人类无可争议的事实。面对上述千姿百态的各种"美"，谁又能说清楚"美到底是什么"呢？这个问题你思考过吗？这个看似简单的问题却"折磨"了一代又一代的美学家，因为回答它的确很难！

（一）对美的思索

　　看看美学史上最早、最为经典的美学论著是怎样论美的。人类对"美"的思索由来已久，在西方最早可以追溯到古希腊时期。古希腊的哲学家柏拉图（Plato，约公元前427年—公元前347年，图1-1）在他的《文艺对话集》里的《大希庇阿斯篇》中，通过年轻的苏格拉底（Socrates）与当时的一位博学多才的诡辩家希庇阿斯（Hippias）的辩论而探讨了"美"是什么。

>>> 趣味导读

《大希庇阿斯篇》

▲ 图1-1

苏格拉底雕像

苏格拉底是古希腊著名的思想家、哲学家、教育家，他和他的学生柏拉图以及柏拉图的学生亚里士多德(Aristotle)被并称为"古希腊三贤"，也是西方哲学的奠基者。

《大希庇阿斯篇》是古希腊哲学家柏拉图专门论述美的著作。柏拉图写有两篇《希庇阿斯篇》：一篇叫做《大希庇阿斯篇》；另一篇叫做《小希庇阿斯篇》。《小希庇阿斯篇》主要讨论"恶"的问题，《大希庇阿斯篇》则集中探讨了美的本质问题。《大希庇阿斯篇》以诡辩学者希庇阿斯与苏格拉底对话的形式展开，并借用苏格拉底之口提出了"美本身"（美的理念）的概念。文中对"美本身"到底是什么未能给出具体的、确切的答案，全文以"美是难的"作为总结。

苏格拉底即幽默又谦虚，他把自己装成一个什么也不懂的傻瓜，而贵族出身的希庇阿斯却不知深浅。于是，当苏格拉底向希庇阿斯请教"什么是美"时，希庇阿斯觉得这个问题太微不足道了。他告诉苏格拉底，美就是一位漂亮小姐，并且非常自信的觉得这样的定义是无法反驳的。苏格拉底点点头说："是呀，美丽的小姐当然美啦，可是一匹母马呢？一匹身材匀称、毛色光滑、跑起来飞快的母马难道不美丽吗？连神都在他的语言里称赞过了的，难道不是美吗？"希庇阿斯于是想起来了，他承认神说母马很美是有道理的，可以说美是一匹美丽的母马。接着苏格拉底又问他："一架漂亮的竖琴呢，美不美？一个陶罐呢？打磨得很光，做得很圆，烧得很透，有两个耳柄，能装两公斤水，这样的陶罐美不美呢？"希庇阿斯不得不承认它们也是美的。于是，苏格拉底笑起来说："你看，美是一位漂亮的小姐，又是一匹美丽的母马，又是一个美丽的陶罐，那么请问美到底是什么呢？"这下，希庇阿斯回答不出来了。可是希庇阿斯还不服输，又对苏格拉底说，"美不是别的，就是黄金……一件东西纵然本来是丑的，只要镶上黄金，就得到一种点缀，使它显得美了。"苏格拉底又说："菲蒂阿斯（古希腊首席雕刻师）雕刻的雅典娜神像，没有用黄金做她的手足，而是用象牙做的，也很美，难道他犯了错吗？"希庇阿斯说："菲蒂阿斯没有错，因为象牙也是美的。"苏格拉底又问："他雕两个眼珠子用的不是象牙，用的是云石，使云石和象牙配合的很恰当，美的石头是否也是美的呢？"希庇阿斯不得不承认："如果使用恰当，石头当然也是美的。"并且说："应该承认，不恰当就丑。"苏格拉底又问："要煮好蔬菜，哪个最恰当，美人呢？还是我们刚才说的陶罐呢？一个金汤勺和一个木汤勺，又是哪个恰当呢？木制的比较恰当吧。它可以叫汤有香味，不至于打破罐子，喝汤的时候不至于烫嘴。若使用金汤勺，就不会这样了，所以依我看，木汤勺比较恰当，你是否反对这样的看法？"气得希庇阿斯说："我不喜欢和提出这样问题的人讨论。"苏格拉底心平气和的说："木汤勺既然比金汤勺恰当，而你自己又承认恰当的比不恰当的美，那么木汤勺就必然比金汤勺美了，是不是？"希庇阿斯只好说："如果你高兴，就说木汤勺最恰当、最美。"苏格拉底："刚才说过美是黄金，现在又承认木汤勺比金汤勺美，我好像看不出来金子在哪方面比木头美了。"最后，希庇阿斯没辙了，只好说："如果再这样辩论下去，那我就得糊涂了。"当辩论结束后，苏格拉底对希庇阿斯说："讨论中我清楚了一句话：美是难的。"

小姐、母马、陶罐到底谁最美？也许你还能说出更多的"美"：夕阳、松柏、佳人……当希庇阿斯在"走投无路"的情况下提出美是黄金——这个他认为世间万能的"美"时，苏格拉底却用雅典娜神像中象牙做的手足、云石做的眼睛搭配起来也很好看，来反驳他的"黄金美"，并用木汤勺和金汤勺哪个更适合喝汤，来进一步说明黄金并不是"万能美"。可见，美的事物并不是孤立的，一个事物美不美还要受到外界条件的限制。

这个辩论虽然始终没有说清楚"美"到底是什么？但在它犹如剥茧抽丝的层层递进的讨论中，使我们感受到，要想说清楚"美"是什么越来越困难。这篇对话是柏拉图早年思想尚未成熟之作，虽然对美的本质仍然"茫然无知"，但是它作为西方第一篇集中论美的著作，是西方美学思想史上重要的文献，此后许多重要的美学思潮均源于此。

（二）美的"理念"说

我们来看一下柏拉图（图1-2）是怎样看待美的呢？

柏拉图认为应该找到一个适合所有"美"的事物，可以用来解释一切美的现象的"万能法则"。它不仅适合小姐的美、母马的美、陶罐的美，还适合一切美好的事物。于是，他为这个"万能美"找到一个专有名词就是"理念"，或者说是"美本身"。按照柏拉图的说法，把这个"美本身"加到任何一件事物上面，就会使那件事物成为美的事物，不管它是什么。这个"美本身"就是柏拉图著名的"理念"说。那么，什么是理念呢？柏拉图在其《国家篇》最后一卷的一篇序言里对"理念"进行了明确解释：凡是若干个体有着一个共同名字的，它们就有着一个共同的"理念"或"形式"。例如，虽然世界上有很多张床：木头床、沙发床、单人床等，尽管它们各不相同，但是它们都叫"床"，所以"床"这个概念就是普天下所有床共有的一个普遍形式，也就是它的理念。或者说，世界上虽然有很多张床，但只有一个床的"理念"或"形式"，就像镜子里所反映的图像，仅仅是现象而非实在，每个不同的床也不是实在的，只是床的"理念"的摹本，只有"理念"的床才是一张实在的床，而这个"理念"是由神所创造的。同样，世界上有很多美好的事物，它们千姿百态不尽相同，但它们既然都叫"美"，就说明它们共有一个普遍的形式，这个形式就是美，也就是"美的理念"。以下这则笑话对理解"理念"很有帮助。

柏拉图有一次派人到街上买面包，那人空手而归，说没有"面包"，只有长面包、圆面包、方面包，没有光是"面包"的"面包"。柏拉图说，你就买一个长面包吧。结果那人还是空手而归，说没有长面包，只有黄的长面包、白的长面包，没有光是长面包的长面包。柏拉图说，你就买一个白的长面包吧。那人还是空手而归，说没有白的长面包，只有冷的白的长面包、热的白的长面包，没有光是白的长面包。这样，那人跑

▲图1-2

柏拉图雕像

柏拉图是西方客观唯心主义的创始人，他一生著述颇丰，其中教学思想主要集中在《理想国》和《法律篇》中。

来跑去，总是买不到面包，于是柏拉图被饿死了。

按照柏拉图的解释：面包是对长面包、白的长面包、冷的长白面包的概括。面包就是长面包、白的长面包、冷的长白面包的共同的"理念"。同样，美丽的小姐、美丽的母马、美丽的陶罐之所以为美，就是因为它们具有能够使一个事物称之为美的"美本身"。"这个美本身，加到任何一件事物上面，就会使那件事物称其为美，不管它是一块石头、一块木头、一个人、一个神、一个动作，还是一门学问"❶而这个美本身就是美的"理念"，它是先于物质而存在的。

（三）对美的追问

西方美学史上柏拉图最早提出了"美是什么"这样的质疑，他创办了雅典学院并且广收门徒，传播美和哲学知识（图1-3）。

▲ 图1-3

壁画《雅典学院》

这是文艺复兴时期意大利著名画家拉斐尔（Raphael）的名作，描绘了当时这个学院里的哲学家、科学家及艺术家进行学术探讨的热烈场面。画面中央边走边议的是柏拉图和其弟子亚里斯多德，他们激烈地争论着。虽然，柏拉图的老师苏格拉底在他兴办雅典学院时已不在人世，但画家为了表现哲理的继承性，在左边的一组人物中画出了苏格拉底。

❶ 柏拉图. 文艺对话集［M］. 北京：人民文学出版社，1997：187.

对美的追问，走到这儿，你会在寻"美"的道路上发现一些什么"蛛丝马迹"呢？那就是：柏拉图的"理念说"已经不自觉地将生活中的美和学科中的美区别开了。生活中说起的美，它是一个形容词、一个定语，而这个形容词的意义又是如此的不确定。它可以指山峰的雄伟、花朵的缤纷、容颜的美丽等，总之，我们可以用"美"这个字眼去形容一切令我们赏心悦目的事物。想一想，这个"美"字可真是万能啊！当我们不知该如何形容我们欣赏到的事物时，一个美字便足以概括！然而，作为学科中的"美"似乎就没有这么轻松了，正如柏拉图所说，要为所有美的现象、美的事物找到一个万能法则，这个万能法则是对各类具体美的事物的高度概括，既普遍又抽象。这里我们无需评判柏拉图的唯心主义美学观点，但作为美学入门的第一步，是否你已经嗅到对"美"的问题的回答散发着哲学思辨的味道了呢？

那么，为什么这个问题回答起来如此之难呢？这是因为：美是一个既具象又抽象的字眼。具象到它存在于生活中的每个角落，红色的玫瑰花是美的；雨后的彩虹是美的；然而它又是抽象的，因为我们不能给"美"做出一个科学的解释。我们可以说红色的玫瑰花有多么红（波长），雨后的彩虹有多少色彩（光谱），可是关于它们的美，我们既不能"测量"也不能"化验"。我们更拿不出科学的证据来证明它们是美的，但是谁又能说它们不是美的呢？世界上的万事万物，美的事物有多少？恐怕谁也无法统计。我们要想概括出美的共同本质，怎么能不难呢？正因如此，要回答这样的问题我们显然不能依靠自然学科的力量，而只能转向人文学科。在人文学科中有一门学科可以"承揽"这样的业务，那就是哲学。哲学是关于人生观、世界观的思考，像幸福、自由、美这样的问题当然可以列入哲学的门下。这里我们可以得出一个结论：美学属于哲学的一个分支。也就是说如果我们去图书馆查阅美学书籍，那么，在哲学类的图书代码里总有一个美学的子目录。

就历史渊源而言，无论是中国的春秋战国时期还是西方的古希腊时期，对美的询问和探讨都已产生，并且相当活跃。他们有的把美和伦理道德联系在一起，如孔子的"里仁为美"，有的把美和对人的效用联系在一起，如苏格拉底的"美就是效用"，有的把美和君主治国联系在一起，如墨子的"万民之利以为美"，有的把美和数的关系联系在一起，如毕达哥拉斯的"美是数的和谐……"凡此种种，不胜枚举。在他们这些卷帙浩繁的著作里，无不闪烁着真知灼见的火花。这些思想资源即使在今天也仍然是重要的美学文献。但另一方面也说明了对"美是什么"这个问题回答的多样性、不确定性。正因如此，人们常常把"美是什么"称为美学理论上的"斯芬克斯（Sphinx）之谜"。是啊，时至今日这个问题也没有终极答案，它吸引了无数美学家殚精竭虑、孜孜以求地踏上这条寻美之路。而这也是美学这门学科的魅力所在！

二、美学的诞生

尽管人类对美的思索从古代就有，但美学这门学科却很年轻，因为从它诞生至今不过二百多年的历史。对于美学的学科历史来说，18世纪中叶注定是个值得纪念的日子。1735年，一位年轻的德国哲学家鲍姆嘉通（Baumgarten）写了一部名为《关于诗的哲学默想录》的书，这也是他的博士论文，同年用拉丁文在德国哈勒出版。书中提出了建立美学的构想，并且明确地运用了"美学"（Aesthetics）这一术语。他认为真、善、美是人类永恒的追求，作为学科，"真"有逻辑学，"善"有伦理学，只有"美"还没有一门正式的学科。鲍姆嘉通还认为哲学关心的是那些理性的、可理解的事物，而忽略了那些感性和可感知的事物。于是，鲍姆嘉通提出建立一个新的哲学分支——"感性学"，也就是我们现在所讲的美学的大胆设想。可见，美学定名之初就是放在哲学门下的，属于哲学的一部分，这个定位决定了美学的学科性质和所属门类。顺着这个思路，鲍姆嘉通在1750年发表了《美学》第一卷，又在1758年发表《美学》第二卷，详尽论述了他建立美学的观点。他写道"美学的目的是感性认识本身的完善，而这个完善就是美"。尽管这本著作因为作者去世而未能完成，但是美学这门学科从此有了正式命名。因此，学术界一般把1750年看作是美学的"生日"，把鲍姆嘉通也因此被称为"美学之父"（图1-4）。

鲍姆嘉通的命名无疑为这门学科的"自身合法化"奠定了坚实的基础，从此，美学可以扬帆远航了。

▲ 图1-4

美学之父——鲍姆嘉通

三、美学研究对象

关于美学的研究对象问题，自从鲍姆嘉通建立美学以来，每个时代的美学家都有不同的看法和争论。美学从创立至今不过二百多年的历史，相对而言它还是一门较为年轻的学科，因此对研究对象的争论也是必然的。在这里，我们仅简单介绍一下被学术界一致认可的美学研究对象。

（一）美的问题

即研究各种美的事物成为美的原因是什么？研究美的本质和特征、美的形态和种类、美的内容以及美与丑的关系等。总之，一切和美相关的问题都是美学研究所触及的。同时，关于美本质的研究又是美学哲学体系的具体体现。

（二）美感问题

人类社会生活中出现了美，就相应的产生了人对美的主观反映，即美感。美感的本质和特征、美感的心理因素、美感的客观标准等。这些都属于美感（审美心理）的研究内容。例如，齐白石画的虾，画面虽然没有水，却使人感到满纸是水，仿佛鱼在水中游，这样的美感从何而来呢？一件很多年前的旧校服，尽管不再穿了，但由于它记录了学生时代的回忆，因此对于当事人来说美感依旧。

（三）艺术问题

艺术作为审美意识的集中体现，是美学研究不可或缺的一部分。黑格尔（Hegel）曾经说过美学就是"艺术哲学"。对艺术的本质、创作、欣赏、批评等方面的研究正是艺术哲学的体现。当代随着美学体系中门类分支的扩大与丰富，各艺术门类纷纷与美学结缘，从而产生许多门类艺术美学，如舞蹈美学、音乐美学、电影美学、戏剧美学等。这些门类艺术美学无不见证了艺术与美不可割舍的关系。

（四）美育问题

即美的教育，狭义上也指艺术教育。通过培养人们认识美、体验美、感受美、欣赏美和创造美的能力，从而使我们具有美的理想、美的情操、美的品格和美的素养，这也是青少年学习美学的目的之一。我国近代著名教育家蔡元培先生早在新文化运动中就提出了"以美育代宗教"的口号和思想，并认为美的教育是陶冶情感、满足人性发展的内在要求。

四、美学学科特点

美学脱胎于哲学，传统美学的研究侧重于对美的本质和规律的研究，因此带有浓厚的哲学思辨性质，也使《美学》显得"沉重"。当代，为了适应学科发展的需要，为了使《美学》更加适应现代生活中的人文需求，美学的学科视野正在不断扩大，美学呈现了新的"面貌"，也更具有朝气蓬勃的生命力。

（一）美学和诸多相邻学科互相渗透

美学要想具有持久的学科魅力，就需要不断的注入新鲜"血液"。许多相邻学科向美学横向渗透，是当代美学的一大特点。这一方面反映在美学研究视野的扩大，研究领域的丰富，由此产生了很多美学的亚学科，甚至可以这样说当今每一门社会科学都对审美活动有着强烈的兴趣，因此便有了：旅游美学、建筑美学、环境美学、餐饮美学等。随着社会文明的进步，人类的审美范围逐步扩大，审美活动几乎存在于每个角落。另一方面在研究方法上借鉴、尝试用其他学科的研究方法为美学研究所用（心理学、社会学、语言学、历史学等），这对美学的研究无疑是个推动和促进。

（二）理论美学和应用美学相结合

所谓理论美学主要是以研究美的本质（美是什么）、美学历史、美感产生等为主要内容的理论研究。所谓应用美学是美学在实践生活中的具体运用。当美学逐步渗透到生活中的每个角落时，美学就不仅仅是象牙塔里的学术研究了，它走入了我们的生活和生产领域，并逐渐在人们的现代化生活和人类征服自然的活动中发挥积极作用。服装美学的产生就是当代美学研究特点的集中体现。

第二节 | 什么是服装美学

当服装文化研究领域日趋丰富与成熟，当美学不断向各类学科渗透，服装与美学便牵手走在一起产生了服装美学。服装美学属于应用美学，它是以服装为研究对象，以服装审美活动为研究中心，研究服装美、服装美感、服装艺术美及其规律的学科。从学科分类角度来看，它具有跨学科性质，横跨美学、服装学两个学科领域。在美学学科中它是应用美学的一个分支，在服装学中它是服装文化研究的一个侧面，这也使服装美学具有了集理性和感性于一体的特点。

前面我们已经讨论过，美学在本体论上属于哲学，而服装却是与我们生活息息相关的一件实用品。那么，美学和服装结合会有怎样的特点呢？服装美学是一门通俗美学，它的通俗性在于它的生活"气息"，还在于它是一门让我们每个人都会接触到的学问（我们总要穿衣服）。但是既然服装美学被冠以"美学"的称谓，所以它又不乏具有了美学"气质"，美学中的某些原理、观点可指导于服装美学的学习。

实质上，服装与美的结合再自然不过了，服装与美天生就是一对"孪生姊妹"。服装除了是一件日用品，还是审美对象。在服装的起源诸多学说中，就有"审美说"的说法，即服装起源于人类追求美的天性。在人类服装发展史上，从蛮荒期的兽皮、树叶裹身发展到今天高度发达的服装商品，一件服装的"美不美""好看不好看"始终是人们不能释怀的着装目标。人们通过适宜得体的服装装扮仪表，这也是挑选服装的主要目的之一。

服装美学是把服装作为审美对象和审美意识的体现来研究的一门实用美学，它既包括生活中的着装美又包括舞台上艺术化的服装美。

一、服装美学研究对象

根据美学的研究对象，我们将服装美学的研究对象界定为以下几方面。

（一）服装美

服装美是服装美学研究对象之一。服装美是把服装作为客观审美对象来研究与看待的。然而服装之美毕竟不同于大自然中的一草一木，独立于人而存在。服装之美是由人创造的，服装美的展现也是通过人来展示的。因此，尽管我们把服装美作为客观审美对象来看待，但是对于服装美的学习与研究始终不能离开与人的关系。

（二）服装美感

服装美感也称为服装审美鉴赏，是对服装美的评判，即包括日常生活中的各种服装审美现象，也包括各种艺术化的服装审美现象。关于美感和人类审美活动的研究是美学中的重要组成部分，同样，服装美感也是服装美学的学习重点。服装美感是从人的主观角度来研究服装美感的产生、传播及其特点的，以及人们的服装审美观念、审美思想、审美趣味的形成和原因等。

（三）服装艺术美

服装艺术美是服装美的类别之一，我们之所以把它独立出来，是因为服装艺术美有别于日常穿着的服装，其艺术性和审美性是第一要素。服装艺术美即体现了艺术创作的普遍规律又具有服装自身的特点。主要是指各类用于艺术表演的舞台服装（舞蹈服装、戏剧服装、戏曲服装等）以及具有艺术化审美特质的服装（高级时装等）。

二、服装美学学科特点

（一）通俗性

服装之美是服装与人结合的美。服装审美是随时随地的，不需要去美术馆，不需要去音乐厅，因为服装审美对象也许就是从你身边经过的一条"花裙子"，或者是即将赴约的一件礼服。实质上，我们每个人从早晨起床，穿衣服的那一刻起就在不自觉地进行着服装审美。尽管在这门学科中，我们也会从理论形态上去解释、分析一些服装审美现象，但它的载体是感性的服装。服装美学的通俗性还在于服装审美会受到许多大众流行文化的影响。流行在服装审美中扮演着重要的角色。一件不再流行的服装，无论其"当年"是多么的"风光"，当它不再流行时美感就会减半。可以说，服装美学是美学这个大家庭中一个充满"生活气息"的成员。

（二）开放性

服装美学是一个开放的学科体系。对于它的学习与研究不是一劳永逸的，它总是随着时代的变化而变化。因为，不同历史时期人们的审美观念是不同的，社会上出现的各种审美现象也是丰富多彩的，服装之美也会受到影响而产生不同的美学风貌。因此，服装美学是一个需要不断更新的学科体系。具体一点说，就是每一种新的、具有一定普遍性的服装审美现象都会成为学科内容。服装美学的开放性也使它具有一定的时效性，它的研究内容在不断适应时代需求的基础上而更新，这也使服装美学充满活力。

（三）学科交叉性

在服装学的学科体系内，服装美学和许多其他学科有着密切关联，交叉性是它的又一特点。一方面，几乎所有的服装学科都会或多或少地涉及美和审美的问题，因此服装美学中的一些美学思想、观念或者审美现象等会为相关服装学科提供研究内容。另一方面，其他学科的相关内容也为服装美学提供了丰富的研究资料。服装美学与服装史、服装心理学等理论学科密切相关。在服装美学中，对服装审美的学习和研究，就需要借助服装心理学的研究成果，而服装审美心理同时也是服装心理学的研究范围。另外，人们的服装审美观念和意识是具有历史性的，所以服装史上每一历史时期的服装形态都是服装美学研究的范围。

除了上述服装学科的知识体系以外，服装美学还和服装学以外的相关学科，如社会学、民俗学、文化史、风俗史等密切关联。服装审美活动是社会文化活动，它必然受到社会、历史、文化环境的制约，所以社会学、民族学、民俗学、风俗史等研究对服装美学都有一定参考价值。同时，服装美学中关于服装审美趣味、服装审美风尚、服装审美观念的研究也丰富充实了社会学、民族学、民俗学等学科的内容。

三、服装美学现实意义

在了解服装美学的基本问题之后，紧接着的问题是我们为什么要学习服装美学，也就是说学习服装美学的现实意义。

（一）提高服装审美能力和服装文化素质的需要

服装美学是服装专业教育和服装文化研究不断发展和深化的结果。学习目的在于提高服装文化素质和理论修养，培养一定的理论思考能力和对服装审美现象的解读能力。通过服装美学的学习，把握对服装美的感知，扩大审美视野和知识面，为其他课程的学习做一些知识储备。服装美学对服装专业其他课程的学习与影响是潜移默化的，也是必不可少的。在学习过程中逐步培养服装审美鉴赏能力，将其转化为设计思想，这是创作的底气。

另外，对于千百万凡夫俗子、芸芸众生来说，家居、工作、出游、运动等一切活动都离不开服装的"包裹"与"装点"。因此，如何用服装塑造一个美丽得体的外部形象，是每个人都会遇到的实际问题。涉猎一些服装美学的知识，有助于提高个人的服装审美能力和修养，在不经意间影响到个人形象的塑造。

（二）服装学科自身发展的需要

服装美学是在服装学科不断发展并且逐步细分化的基础上产生的，作为服装学科的亚学科，它的研究可以为其他门类研究提供视角、观点、方法等，推动服装学科的发展。几乎所有服装学科都会与服装美学发生或多或少的关联。服装造型、服装工艺、服装材料、服饰图案……哪一门课程能离开美的表达呢？因此，随着服装学科的发展，服装美学的价值将越来越显著。

（三）实践领域的需要

在实践领域里，服装美学也发挥着积极的作用。如，服装美学对服装设计、服装营销的影响。作为服装设计人员，了解掌握服装设计原理和技巧是必要的，但作为设计思想和设计理念的提高与丰富同样对设计起到至关重要的作用。设计师往往自诩为美的创造者，而美的创造源于美的感知和理解。通过服装美学的学习，了解服装美及审美规律，可以提高一个设计者的设计素养。作为服装营销，掌握消费者的服装审美心理，了解为什么这样的服装美会得到消费者的青睐，是营销策略的关键，而服装美学的学习无疑是有帮助的。服装美学是服装专业实践领域背后的一个支撑点，因为对于人们的着装来说，总是离不开美这个话题。

本章小结

● 美学脱胎于哲学，美学属于哲学的二级学科。美学是研究人与世界审美关系的一门学科，即美学研究的对象是审美活动。它既是一门思辨的学科，又是一门感性的学科。

● "美是什么"是美学这门学科所要探讨的基本问题，从古到今，从西方到东方美学家对"美"的解释多种多样，无一定论。

● 服装美学以服装为研究对象，以服装审美活动为研究中心，研究服装美、服装美感、服装艺术美及其规律的学科。在美学学科中它是应用美学的一个分支，在服装学中它是服装文化研究的一个侧面。

● 服装美学具有通俗性、开放性、学科交叉性的特点。

美学问题回顾

《大希庇阿斯篇》在西方美学思想史上重要的地位及其内容。

思考题

1. 美学的学科特点以及它的研究内容。

2. 服装美学与美学的关系以及它的学科特点、研究内容和意义。

基础
理论

生活中的服装美和艺术中的服装美，

共同构筑了服装美的世界

课题名称：服装美的分类

课题内容： 1. 服装现实美

2. 服装艺术美

课题时间： 6 课时

教学目的： 1. 了解服装现实美的特点以及美学特征。

2. 了解服装艺术美的分类、特点以及与现实美的关系。

教学重点： 1. 服装现实美与服装艺术美的特点及美学特征。

2. 孔子、庄子、墨子关于服装美的观点。

3. 服装艺术美的典型性。

教学要求： 1. 教学方法——以讲授法为主配合图片演示。

2. 问题互动——以课堂讨论的形式选取课程重点内容与学

生进行问题互动，并进行总结。

第二章 服装美的分类

导语：服装美以服装的物质形态体现出来，同时还是人类的精神产物。芸芸大众的穿衣打扮在如流水殷的日子里，展示着包罗万象的生活美；舞台上身着霓裳羽衣的舞者，用服装舞出了令人陶醉的服装艺术美。这就是服装美的两种类别：现实美和艺术美。

美的分类是根据审美对象的特征、范围及其表现形态，对美所做的分类。由于美的形态的多样性与复杂性，以及人们对美的本质、特征的不同理解，形成了对美的不同划分。不同历史时期的美学家从不同的角度对美的形态有不同的划分，例如，古希腊柏拉图把美分为形体美、心灵美、知识美和理念美；英国美学家哈奇生·弗朗西斯科（Hutcheson Francis）❶把美分为绝对的（本原的）美与相对的（比较的）美；法国丹尼斯·狄德罗（Denis Diderot）❷把美分为"真实的美"与"相对的美"；德国美学家伊曼努尔·康德（Immanuel Kant）❸把美分为"自由美"和"附庸美"等。

现代美学体系中，普遍认可的有以下两种划分：根据美的不同性质，将美划分为两大类三种：现实美（自然美、社会美）和艺术美。根据审美主体所获得感受的不同，把美划分为以下不同的范畴：优美、崇高、悲剧、喜剧、荒诞等。

在服装美学中，服装美存在于各种鲜活、具体、感性的服装以及人们的着装中。在丰富多彩的服装美中，我们要想把它们分门别类，就需要从一个高度概括的角度出发，而这一角度也正是现代美学中美的分类角度。根据服装美的存在状态、性质以及与人的关系，我们将服装美分为两大类：现实美和艺术美。

第一节 | 服装现实美

当我们揽镜顾影的时候，不仅看到的是镜中的容貌，也是在审视穿在身上的服装；当我们听到"你真美"的赞美之词时，也许这里还含有"你的服装真美"这样的潜台词；当我们准备赴约、面试、聚会的时候，你要想一想挑选哪一件衣服最合适……这

---

❶ 哈奇生·弗朗西斯科（1694—1746 年），18 世纪前叶英国著名的道德学家和美学家。在美学史上，哈奇生是较早对美进行分类的美学家之一。本原的美与绝对的美超越心灵的认识独立存在，比较的美与相对的美则依赖于人的观念，体现于丑中可见美。

❷ 丹尼斯·狄德罗（1713—1784 年），法国启蒙思想家、唯物主义哲学家、作家，百科全书派的代表人物。他认为美分为"实在的美"，又称为"在我身外的美"和"相对的美"又称为"虚构的美"，实际是艺术家创造的艺术作品的美。

❸ 伊曼努尔·康德（1724—1804 年）著名德国哲学家、德国古典哲学创始人，其学说深深影响近代西方哲学，并开启了德国唯心主义和康德主义等诸多流派。

些存在于现实生活中，伴随着我们出行、工作、休闲的每一件服装，都以各种"面貌"装点着我们，而它们的美就是我们这里所讲的服装现实美。这种美就在我们身边，并且人人都会拥有它。

一、现实美与服装现实美

（一）现实美

在美学中，现实美是美的主要类别之一。

◢ **美学链接**

现实美

现实美也称为生活美，与艺术美相对。现实美包括自然美与社会美。即自然事物的美或自然界的美以及社会生活中的美或社会生活中美的事物和现象。现实美是人们在生活实践与社会实践中发现与创造的美。当现实生活中的事与物和人发生了特定的审美关系时，就成为人的审美对象，并具有了审美价值，也就形成了现实美。同时，现实美也是艺术创造和艺术美的源泉。

（二）服装现实美

服装现实美主要是指存在于日常生活中的服装美以及人与服装结合的着装美，它产生于生活实践，在成为人们的审美对象的同时也在满足人们的实际生活需要。

二、服装现实美的属性

服装不是自然物，它一经产生就打上了人工烙印。因此，服装现实美总是与人分不开的，它或者满足人们的物质需求，或者体现一定的精神内涵。

（一）服装现实美的物质属性

服装的物质属性是服装现实美的具体体现。它是指服装在满足人们各种服用需求的同时成为人们的审美对象所呈现的美，或者说是实用功能美，这也是服装存在的基本价值和意义。

1. 服装现实美的物质属性是社会生产和生活实践的产物

首先，从服装的产生和发展的过程来看，离不开社会生产和生活的实践。人类在原始社会时期，生产力低下，穴居山崖、赤身裸体，不但要和恶劣的自然条件作抗衡，还要和野兽斗争。为了保护身体免受伤害，于是就地取材使用兽皮、树叶遮身，这就是最早的衣物。进入石器时代后，伴随着人类自身的进化，生存能力也在不断提高。人们学会将狩猎获取的野兽骨头磨成针，将动物的韧带劈成筋丝当作线，再将兽皮缝缀制成有形状服装。新石器时期，人类学会了栽培植物、驯养牲畜，开始了原始的农业和畜牧业。它们对服装的直接影响就是人们在种植作物同时学会了从植物中提取纤维，制成衣用的线和布料。1958 年，浙江吴兴钱山漾遗址出土有苎麻布。1977 年，浙江余姚河姆渡新石器遗址中，出现了公元前约五千年的苘麻双股麻线……可以看出，服装就是这样伴随着一次又一次的社会实践进步而不断呈现新面貌，它的审美价值体现在使用价值中。服装作为人们最基本的生活资料，离不开具体而鲜活的日常生活。许多服装类别和功能都是因生活的需要而产生的，服装不仅方便了人们的生活也装点着形象。服装像一本日记记录了生活的点滴。让我们看看人们是如何在生产、生活中创造服装的。

围裙也称为围腰、拦腰、围身布等，它的主要功能是妇女在做饭或者干活时为了防止腰腹部衣服弄脏，而在腰下系一块围布遮挡（图 2-1）。

◀ 图 2-1

旧时的围腰

"围腰子"是旧时妇女劳作时不可缺少的服装。一般用蓝色、青色粗布做成。因为围在腰间，所以还可以用来兜东西。而老年人常常在冬天穿上它为了保暖。

围裙起源于实际生活的需要，在生活中爱美的天性又促使人们不断地去美化它，人们用各种各样的装饰手法将这件"劳动本色"的服饰"打扮"得美观。对于餐厅服务员来说，围裙不仅仅是一件实用的工作服，靓丽的款式还具有修饰美化个人形象的作用，真是一举两得（图2-2）。

像这样的服装还有很多，与其说它们是服装不如说是件生产工具或者生活用具。例如，自行车防晒披风，就是为女性在夏季骑自行车出行时，保护皮肤防晒而设计的。它以披风的形式出现，可以遮挡肩部、双臂和前胸，并且丝毫不影响手臂的动作，有的面料还有抗紫外线功能。人们根据生活的需要不断的改善服装，这其中也凝结着穿者的智慧。图2-3中设计师通过巧妙的"策划"使服装更方便的服务于生活。

可以说，社会生产、生活实践是服装现实美的源泉。一方面，服装的现实美体现在服装更好的服务于生产生活；另一方面，人们在生产生活实践中不断创造、改进、丰富服装的现实美。例如，图2-4是一个有趣的尝试：服装不仅美观还要便于整理和携带，以适应现代化生活的需求。

▲ 图2-2

围裙

当代的围裙不仅实用而且漂亮，承载着人们对美好生活的热爱。

▲ 图2-3

服装便利生活

这是一件美国设计师维拉·麦克斯韦（Vera Maxwell）于1948年为女性旅行时设计的服装。出于实际需要的考虑，设计师在服装上设计了很大的口袋，并且口袋内部有很多夹层，可以放不同用品，口袋里布还用了塑料布来防水，这样的口袋就像一个旅行箱。

▲ 图 2-4

信封连衣裙

这款裙子由英国设计侯塞因·卡拉扬（Hussein Chalayan）1999 年设计。面料采用高密度聚乙烯合成纸，裙子可以折叠并"装"进尾部的航空信封里而成为一封"信"，这样的服装方便携带，可以轻松的被"邮递"（带走）。

2. 服装现实美的物质属性与社会生产力发展相互促进

一方面，生产力的发展是社会进步的基础，同时也直接或间接推动了服装工业的发展，并影响人们的服装审美意识。让我们看下面的例子：

产生于 18 世纪中叶的英国工业革命推动了社会生产力的提高。缝纫机就是在这一时期问世的。1790 年，美国木工托马斯·赛特（Thomas Saint）首先发明了世界上第一台先打洞、后穿线、缝制皮鞋用的单线链式手摇缝纫机。

1841 年，法国裁缝 B. 莫尼耶（Barthelemy Thimonnier，又译巴特勒米·迪莫尼耶）发明和制造了机针带钩子的链式线迹缝纫机。1889 年，美国胜家（Singer）公司又发明了电动机驱动缝纫机。从此开创了缝纫机工业的新纪元（图 2-5）。缝纫机的发明带给纺织业巨大的革命，由于生产效率的提高，使服装生产由原来的手工加工的家庭作坊式转变为机器生产的加工方式，从此，服装成为商品

▲ 图 2-5

百年前德国造手摇式缝纫机

开始流通。服装的审美意识也随之悄然改变，流水线机械加工方式使得服装得以批量生产，穿着同样款式服装的人越来越多，在服装审美中的流行意识与个性意识越来越为人们所看重……

另一方面，服装不仅是穿在身上的服用品，它在生产实践中也发挥着积极作用，有时甚至可以成为间接推动生产力发展的要素之一。这一点主要体现在服装对人们活动中的帮助和辅助作用。

当人们在危险的工作环境中从事劳动时，自我保护是首要的，个人的安全问题决定了工作质量。劳动保护服就是利用服装把工作危险减弱到最低程度，从而达到对人体的保护作用。如高温工作服、防辐射服、防毒服、防静电服等（图2-6）。

如果说劳动保护服装是通过对人体的保护而间接的提高劳动生产率。那么，有些服装则是人们工作中必不可少的工具，离开它人们几乎无法完成既定的工作。航天服就是一个典型的例子。人类对太空的探索标志着社会生产力的进步，而宇航员要想完成这一工作，没有航天服的帮助几乎是不可能实现的。1865年法国著名作家儒勒·凡尔纳（Jules Verne）在他的科幻小说《从地球到月球》中描述了引人入胜的宇宙航行情节，并预言要到太空旅行就要穿着特殊的服装。当人类实现登上太空的梦想时，凡尔纳的预言也被验证了，他所说的"特殊服装"就是今天的航天服。在真空的环境中，人体血液中含有的氮气会变成气体，使体积膨胀，如果人不穿加压气密的航天服，就会因体内外的压差悬殊而发生生命危险。因此，航天服是宇航员的生命保障。图2-7为我国宇航员身着的舱外航天服。

▲ 图2-6

有害物质防护服

这件防护服的防毒面具过滤掉空气中有毒的微生物粒子的作用，能保护人类免受最危险的生物病原体的侵袭。

▲ 图2-7

执行神舟七号太空任务的宇航员

无论是防毒服还是宇航服，它们都是人们在特殊环境工作的生命保障，没有了它们生产工作将无从谈起。从这个角度讲，这些服装在间接推动社会生产力的发展。对于身体保护服来说，简单的如太阳帽，复杂的如太空服，它们都在生活、工作中产生并服务于生活、工作。它们的美并不在于装扮人体而在于对人体的庇护和保障，有时候这比装扮漂亮更加重要。

3. 服装现实美的物质属性还体现在不断满足人们更多的生活需求

在物质文化生活如此丰富的今天，人们对服装的穿着功能已不仅仅停留在御寒防暑、保护肌体这些原始的穿着动机上，而是有了更高、更加具体化、多样化的需求：保健、除菌、抗紫外线，甚至减肥等这些新型功能。这种多样化的需求拓宽了服装高科技的研究和发展领域，并使得一些具有一定科技含量的服装问世。例如，具有保健功能的磁疗衣，在服装内部加入人造磁场，通过这些磁场施加于人体的经络、穴位和病变部位而达到治疗、保健的作用。按摩衣，在衣服的衬里黏有许多突起的乳头状的橡胶颗粒，当人们穿它走路或运动时，橡胶粒就会自动按摩身上的肌肉，疏通经络，减轻疲劳感。灭菌衣，运用抗菌药剂黏合到棉织物上，然后用这种棉织物制成衣服，可以起到长期抑制病菌繁衍生长的作用。衣食住行，"衣"字当先，可以想象，如果没有衣，其他三项都难以为继。在人类进入文明社会后，服装现实美的物质属性在人们的生活领域里发挥着不可替代的作用。

（二）服装现实美的精神属性

服装现实美的精神属性是指服装作为人们的基本生活资料之一，在满足了服用需求的同时，还以一定的形式美感体现出来，并表达着一定的精神内涵。服装现实美的精神属性主要体现在以下几个方面。

1. 服装对人具有修饰与装扮作用

通过服装帮助、辅助穿着者塑造美好的外部形象，这是服装现实美的精神属性的首要体现。美国著名人类学家罗伯特·路威（Robert Rovio）曾说："倘若衣服之起因不是因为羞耻，也不是因为实用，可能动机还有一个——爱美的欲望。西伯利亚人皮外套上绣花，夏威夷人的奇异鸟羽氅。他们的主要目的，甚至可以说唯一目的，都是审美的快乐。"是啊，"对美的追求是最重要的动机，所有其他动机加在一起恐怕难抵这一个。"可见，用服装修饰自己，装扮自己，使自己看上去更美，是人们的着装主要目的之一。"人靠衣装马靠鞍"这句话正是道出了服装对人的修饰、装扮作用的重要性。有时，甚至可以化腐朽为神奇。电影《灰姑娘》中当灰姑娘穿着灰头土脸的粗衣布裙，脸上还带有打扫卫生时的尘土时，俨然一副女仆模样，一位美丽的姑娘就这样被这些简陋的服饰"掩盖"了。而当她身穿着华丽、高贵的舞会服装，一个骄傲的公主呈现在面前。尽管这是一个童话故事，但从女仆到公主的巨变，却道出了服装对人的修饰与装扮作用（图2-8）。

▲ 图2-8

电影《灰姑娘》剧照

女仆形象和公主形象的对比，可见服装对人修饰作用的重要性。

　　随着社会的发展生活水平的提高，人们在工作、社交等场合中更加注重自己的外观形象，服装是塑造形象美的关键。对于普通人来说，用得体的服装塑造的美好外部形象，可以使我们更自信的工作与生活；对于影视明星来说，服装修饰、装扮的精神属性可谓更加重要。穿着美丽的服装、塑造美好的形象，把美带给大家是她们的"天职"。正因如此，催生了造型师、形象设计师这些职业的产生。他们的工作就是用服装、配饰、妆容、发型等为人们塑造美丽的外部形象，或者再简单一点说就是指导人们"穿得更好看"。服装的修饰性告诉我们，在服装审美中视觉美感是服装美的第一要素。这一点从造型师、形象设计师的工作中体现出来，还从那些教人如何穿衣搭配的时尚杂志的热销中得到验证。

然而，我们也应看到服装修饰的是一个人的外在形式美，而一个人的内在美（心灵美）却并非能够通过服装展示出来。也许还会相反，外表光鲜华丽的衣着并非能拥有一个美丽的心灵。灰姑娘的两个姐姐穿着艳丽的服饰，却有着丑陋的心灵。在美学中，形式美与内容美是一个久经讨论的问题。一方面，美应该是有形的"东西"，或者说能看得见、感觉到的"形式"；另一方面，美又常常是看不见的，美的心灵能看得见吗？从人格美的角度看，心灵美有时候比形象美更重要。古希腊哲学家德谟克利特（Demokritos/Democritus）认为没有善良之心的人即使穿戴华丽也不美，而女人装饰简朴却是一种美。从服装美的角度看，衣着得体、外表端庄是对他人的尊重，也是自我成熟的表现。因此，服装于人的这种形式美感也是非常必要的。

2. 服装可以表达人们的思想情感和精神诉求

服装在满足人们精神诉求方面主要有两种相反方向的表达：一种是穿着者通过着装表达自我意愿；另一种是服装本身具有一定的寓意性、精神性，并把这些寓意性和精神性赋予穿着者。

着装是人们以外在形象表达自我的一种方式。人们往往通过选择穿什么来表达自己的精神诉求甚至情感宣泄。最为直截了当的方式就是在服装上印有文字、图案、图形、影像等，内容、题材包罗万象：卡通形象、标语口号、潮流信息……这些服装以直白而又简单的方式传递了穿着者的思想情感、生活态度，甚至是人生观等种种信息，并且间接的折射出社会生活百态。如图2-9所示，在服装上用文字、图案、图像的方式表达穿着者或设计者的精神诉求。

人们在追求服装外在形式美感的同时，往往还赋予它一定的精神象征性，以此来寓意穿着者的诉求。例如，在中国古代传统服饰图案中，往往被人们赋予了一定的思想内涵。这些图案常常通过谐音表达吉祥、喜庆之意，如蝙蝠图案取其谐音多福，鹌鹑谐音安顺等，它们寄托了人们对美好生活的祈愿和向往。

这种寓意性还表现在用服装象征、代表着一类人群。例如，"白衣天使"是对医护人员的一种美称。因她们身穿白色工作服从事救死扶伤的神圣事业，给人类带来希望和快乐，故称白衣天使。"巾帼英雄"为女英雄。"巾帼"是古代女性的一种头巾式的头饰。乐府诗《木兰辞》中有"巾帼不让须眉"讲的是花木兰替父从军的故事。后来巾帼引申为女子的代称，如今巾帼已是对妇女的一种尊称。因为某类人群穿着某种服装而为服装增添了些许典故和人文意义，使之成为一种形象和人群的象征。

（a）摩洛哥设计师让·查尔斯（Jean Charles）在 2009 年设计的以第一位非洲裔美国总统奥巴马（Obama）形象为特色图案的针织连衣裙，大胆的反映出美国社会所发生的变化。

（b）英国设计师凯瑟琳·汉耐特（Katharine Hamnett）在 20 世纪 80 年代发明了印有口号的 T 恤。这些 T 恤大都为白色，印有黑色醒目的字母，表达某种个人意愿。如今的"文化衫"就是据此而来的。

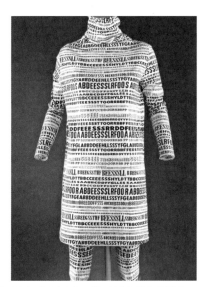

（c）这两款服装上的字母和文字表达了一定思想意图，同时它们还作为图案装饰着服装。

▲ 图 2-9

服装表达精神诉求

　　服装的精神属性还表现在它的标识功能方面。服装的标识功能自古已有，在我国古代，服装是阶级地位的标识。平民与官员的服装有严格的区分，各阶层恪守自己的服饰规制而不得逾越。这些封建社会的服装阶级标识现在早已不复存在了。当代服装的标识作用更多的体现在职业标识、群体标识等方面。如各类职业装：警察制服、消防制服、铁路制服等，它们塑造了职业形象美。

三、服装现实美的美学特征

（一）服装现实美对人的依赖性

服装现实美产生于现实生活，根源于社会实践，其美学特征首先体现在服装美对人的依赖性，这一点是服装美和其他类别美的主要区别。与自然美不同的是服装美是由人创造的，和艺术美不同的是服装美不仅可以被欣赏，更重要的是它的目的是使人更美。

首先，在服装美的创造方面，人既是服装美的创造者也是欣赏者，既是旁观者也是参与者、展示者。我们每个人每天睁开眼睛，开始生活的第一件事就是在经意与不经意之间完成着这种美的塑造。只是有的人对这种美的塑造很在意很内行，有的人则很随意。实质上，穿在每个人身上的服装就是具体的个人着装审美意识体现。

其次，这种依赖性体现在服装美的展示方面。服装美的展示与艺术品的展示方式不同，它不是挂在画廊、美术馆里，而是通过千千万万普通人的着装形式展示出来。服装是为人服务的，一件挂在衣架上的服装是没有生命力的，服装只有穿在人的身上才能体现它的美感和价值。因此，与其说是服装美不如说是人的着装美。服装现实美的这种展示方式使它的美感较艺术品而言更容易被传播、交流。既然人是展示服装美的"展台"，那么完美的人体体型则是展示服装美的条件。这也是模特这一职业的存在意义和价值。她们是展示美的"衣裳架子"。模特们的身高、三围、上下身比例均有严格要求，这些苛刻的身材要求就是为了更好的展示服装之美。模特赋予了服装第二生命，她们完美的身材与服装之美相得益彰，增添了服装美感（图2-10）。

最后，这种依赖性还在于对美的评判。服装的生命力是人所赋予的，人创

▲ 图 2-10

时装模特

模特拥有几乎无可挑剔的身材，这是展示服装美的首要条件。

造了服装美，也创造了服装审美和对服装美的评判。低腰裤、露脐装是年轻人的时尚，但在年纪大些的人看来或许不被接受。西方人结婚庆典上用白色的婚纱象征爱情的纯洁，但在中国人的婚礼上则喜欢用红色的婚服表示喜庆、美好。可见，不同的人群赋予了服装美不同的评判。

（二）服装现实美对社会生活的依赖性

服装现实美是随着历史的发展而变化，在这个过程中表现出极强的社会生活依赖性。通常，在社会实践领域里，符合社会发展规律和人们劳动实践的服装就会为人们生活所用，就是美的，否则就会被淘汰。一种服装由美到不美，或者由不美到美是一个历史过程，这个过程中伴随着社会变革带给人们的审美观念的变化。

例如，西式服装在我国的普及就说明社会生活的变化对服装审美和服装美的改变。辛亥革命时期，西式服装（或者说西洋服装）开始传入我国。当时我们国家的传统服装是长袍马褂，西式服装比起长袍马褂，其简洁、利落便于行动的特点是显而易见的，但是长期以来根深蒂固的着装观念在人们心中彻底改变并不是一件容易的事。因此当时社会上不乏一些有识之士也对国人穿西式服装提出异议。西式服装中最有代表的就是西装了，林语堂先生就曾在《论西装》中写道："西装只可当男子变相的献殷勤罢了。不过平心而论，西装之所以成为一时风尚而为摩登女士所乐从者，唯一的理由是，一般人士震于西洋文物之名而好为效颦；在伦理上、美感上、卫生上是绝无立足根据的。"❶ 可见，许多社会名人对西式服装都持抵制态度。历史车轮终究还是向前发展的，长袍马褂在社会生活变革的驱动下渐渐让位于西式服装。这是因为，社会在不断发展，人们的生活方式改变，服装也要适应这样的社会生活内容。

（三）现实美中物质属性与精神属性相互依存

一方面，物质属性是在为满足人们的实用需求过程中而产生的。但是，当它们的使用价值发挥出来后，人们就不再满足于此。"美"像一块磁石吸引着人们，人们想尽办法将它们设计得更美、更漂亮。而隐藏在美感之后的是人们对生活的热爱。另一方面，服装的精神属性也离不开物质属性作为依托。服装的物质属性体现了服装的使用价值，是具体的；服装的精神属性体现了服装的审美价值，是抽象的，它们共同构成了服装的现实美。

❶　林语堂．幽默人生［M］．西安：陕西师范大学出版社，2002：106.

◢ 美学链接

孔子、庄子、墨子关于服装美的论述

孔子、庄子、墨子的美学思想是中国美学思想史的重要组成部分。他们关于服装美有着截然不同的看法。下面分别是他们的见解：

孔子在《劝学》中曾说"君子不可以不学，见人不可以不饰"，意思是君子不可以不学习，与别人相见时不可以不对自己的服饰、容貌稍作整理。

庄子在《山木》中记载这样一个故事：庄子穿着一件粗布衣，而且上面还打了补丁，鞋子上面的系襻没有了，用麻绳系着，就这样去见魏王，魏王说："何先生之惫邪？"即问庄子为什么这样疲惫呢？庄子回答道"贫也，非惫也，士有道德不能行，惫也，衣敝履穿，贫也，非惫也，此所谓非遭时也"。意思是衣服破了、鞋子坏了乃是贫穷而不是精神困顿萎靡。圣人有德，不在衣饰着装如何。

墨子在《墨子·节用》中写到"故食必常饱，然后求美；衣必常暖，然后求丽；居必常安，然后求乐。""衣必常暖，然后求丽"是服装现实美中的物质属性和精神属性的顺序观点。他认为服装满足最基本的生活功能就可以了，"求其丽"则是次要的。

◢ 深入思考

这些哲人们从不同的政治立场和角度，论述了服装现实美的观点。结合日常生活中的案例，谈谈你对上述观点的理解。

第二节 | 服装艺术美

如果说服装现实美体现了社会生活美，那么服装艺术美作为美的集中表现，更鲜明地体现了审美的特征。

一、艺术美与服装艺术美

（一）艺术美

艺术美是美的高级形态，它带给人们的是精神上愉悦与享受。对艺术美的探讨是美学研究的重要组成部分。

> **◢ 美学链接**
>
> ### 艺术美
>
> 存在一切艺术作品中的美，与"现实美"相对。艺术美是艺术家在审美实践中根据自己的审美意识对社会生活进行集中、概括、加工、提炼所创造出来的具有鲜明个性的艺术形象、意境美。包括艺术内容美、艺术形式美，两者既相互作用、有机统一又有各自独立的创作规律和审美价值。同自然美、社会美相比，艺术美是人对现实进行审美创造的最高形式，充分体现了人对美的辨审力、想象力、创造力；同时艺术美又是人的主要审美对象、美学研究的主要对象和美育的主要手段以及美感的主要源泉。

（二）服装艺术美

服装艺术美是设计师、艺术家运用一定的艺术创作手段，遵循一定的艺术创作规律所创造的具有审美价值的服装之美，可以说，审美是服装艺术美的核心。按照服装艺术美表现形式的不同分为两种类型：一是服装艺术形象美，二是服装艺术欣赏美（图2-11）。

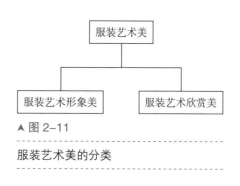

▲ 图2-11

服装艺术美的分类

二、服装艺术美的美学特征

服装艺术美的美学特征体现在它的两种类别中。服装艺术形象美与服装艺术欣赏美既有相同的美学特征——审美性，又有各自鲜明特点的美学特征。

▲ 图 2-12

文学作品中的服饰艺术美

根据文学作品中的服饰描写绘制的宝玉、黛玉形象，作者：戴敦邦。

▲ 图 2-13

电影服装

在电影《超人》中，印有 S（superman）字母的蓝色紧身衣和红色披风令超人形象非常生动，成功塑造了超人的银幕形象。

（一）服装艺术形象美

1. 什么是服装艺术形象美

所谓服装艺术形象美是把服装作为塑造艺术形象的辅助手段，其审美价值依托于艺术形象而呈现出来的服装美。广义的服装艺术形象美是指在各类艺术形式中，服装作为塑造人物形象的辅助手段所体现的服装美，其中包括文学作品、美术作品（人物画、雕塑、摄影等）中的服饰描绘与刻画。以文学作品为例，在文学作品中有关服装的文字描写是刻画人物形象的重要内容。例如，《红楼梦》第三回描写贾宝玉首次出场，作者就用了大量细致入微的服饰描写，以此来烘托人物形象的塑造。"丫鬟进来笑道'宝玉来了'……头上戴着束金紫金冠，齐眉勒着二龙抢珠金抹额；穿一件二色金百蝶穿花大红箭袖，束着五彩丝攒花结长穗宫绦，外罩石青起花八团倭缎排穗褂；蹬着青缎粉底小朝靴。"贾宝玉的艺术形象是曹雪芹的最高成就，作者用了这段生动、精彩、鲜明的服饰描写将宝玉的形象塑造出来。这些服饰描写帮助读者在脑海中确立了人物形象，同时也带给读者无限的遐想空间……这就是文学作品中服装艺术形象美（图 2-12）。

狭义的服装艺术形象美主要是指各类舞台服装、影视服装。这也是最常见、最直观的服装艺术形象美，本书主要讨论的是狭义的服装艺术形象美。在银幕、舞台的人物形象中，服装辅助演员们将这些艺术形象活灵活现地呈现在观众面前，这就是服装艺术形象美（图 2-13、图 2-14）。

舞台、影视服装是演员在演出中穿用的服装。利用服装的装饰、象征意义，直接形象地表明角色的性别、年龄、身份、地位、境遇以及气质、性格等，它和化妆结合是演出活动中人物外在形象塑造的重要方法，也是舞台艺术不可缺少的组成部分。

2.服装艺术形象美的美学特征

按照舞台艺术门类主要分为戏剧服装、戏曲服装、曲艺服装、舞蹈服装等，它们和影视服装具有如下共同特征：

（1）人物形象性：无论是戏剧服装、影视服装还是舞蹈服装，都以塑造艺术作品中的人物形象为首要目的，服装成为帮助演员进入角色以及观众识别角色的手段。

服装艺术形象美的审美价值是转嫁于人物角色中并通过人物形象体现出来。这种人物形象性还受到舞台艺术门类的特性以及艺术风格、演出风格等制约。对这类服装来说，并非华丽、光鲜的服装是美的，而是符合角色需要的服装才具有艺术形象美，甚至有时为了塑造角色会将衣服做旧、做丑，演员也要为此做出形象上的"牺牲"。例如，高尔基的现实主义题材经典话剧《底层》，描写了伏尔加河畔的一个小城镇中的下等客栈里各种生活在底层的小人物穷困潦倒的窘境。在19世纪末期首演时，演员们穿着真正破烂的衣服，以至于一些观众担心自己的座位离舞台太近而让虱子爬到身上。剧中破旧的服装在现实生活中无论如何找不到美感，然而就是这样的破、旧服装塑造的人物形象，将当时沙皇俄国时期的社会状况淋漓尽致地抨击出来，并贴切地体现出这部话剧的现实主义艺术风格。这就是服装艺术形象美与服装现实美审美标准的差异，同时也是其审美性、艺术性之所在（图2-15）。

▲图2-14

舞蹈服装

舞蹈《雀之恋》的演出服，通过"仿生设计"成功塑造了一只充满灵性的"孔雀"。

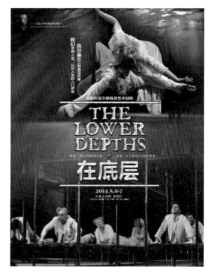

▲图2-15

当代俄语版话剧《底层》海报

人物形象性在不同的舞台艺术载体中表现形式也不同。同样是表现破、旧服装，在中国传统戏剧服装中则是以大写意的手法，将其更加"美化"了。戏曲服装中的"穷衣"，即富贵衣，是在青褶子❶上缀若干块不规则的杂色绸缎，表示衣服破烂、满缀补丁。为穷途潦倒的书生所穿，寓意这些书生后来又发达富贵了，故又名"富贵衣"（图2-16）。

很明显，这样具有浪漫主义色彩的"穷衣"非舞台莫属。对于服装艺术形象美来说，它的艺术审美价值也正是通过这些人物角色展现给观者。

（2）艺术典型性：在艺术作品中，典型性就是既具有高度概括性又具有鲜明的艺术个性的艺术形象。舞台服装、戏剧服装、影视服装作为塑造艺术形象的手段，也同样具有这种艺术典型性。

舞台服装、戏剧服装、影视服装是以现实生活中的服装为原型经过艺术加工和提炼而成，为人物形象服务的艺术类服装。通过服装进行角色标识，使观众看到服装就明确了角色定位是主要功能。在一些经典的舞台、戏剧、影视作品中，一些人物形象是经过艺术积淀而形成的，他们的人物造型早已"深入人心"。例如，手拿一把羽毛扇、头上戴着头巾的"羽扇纶巾"形象是诸葛亮经典的人物造型。许多作品中在塑造这个人物角色时都离不开这样的服装扮相，这就是服装人物造型艺术的典型性。然而，艺术的典型性绝非千篇一律，由一个"模子"塑造出来的公式化的"定型"。缺乏鲜明、生动个性的艺术形象是呆板的、僵硬的。因此，这种典型性一方面具有高度概括的普遍性，另一方面又具独特的艺术个性。再例如，经典的芭蕾舞剧《天鹅湖》中的天鹅裙，几乎成了芭蕾舞及其服装的代名词，自诞生以来无人能与其比肩，再粗心的观众只要一看到天鹅裙就会感受到芭蕾舞剧《天鹅湖》，但是在不同版本的《天鹅湖》中，天鹅裙又具有不同的鲜明艺术特色，这就是服装艺术形象美的"典型性"（图2-17）。

▲ 图2-16

穷衣

戏曲舞台上扮演贫困穷人穿的服装。

---

❶ 褶，中国戏曲服装专用名称（也称褶子、道袍），即斜领长衫。

▲ 图 2-17

不同《天鹅湖》演出版本中的天鹅裙

▲ 美学链接

艺术典型

　　艺术典型是文艺学、美学的重要理论观点，也是艺术创作的规律与特点。在艺术作品中，典型性就是既具有高度概括性又具有鲜明的艺术个性的艺术形象，包括典型人物、典型环境等。其中，典型人物是艺术典型的主体，典型性格是典型人物的核心。艺术典型是艺术家通过个性化和本质化的创作规律所创造出的艺术作品，它们既能反映现实生活的某些本质和规律，又具有鲜明独特的个性特征，既表现出一定时代人们的审美理想，又表现出艺术家自己独有的审美感受的艺术形象。以文学作品中的阿Q形象而论，这个典型所以能够令人难忘，就在于鲁迅先生集中笔墨描绘了阿Q性格中"精神胜利法"的种种鲜明表现，这一点无疑具有一种活生生的、不可重复的特征。与个性鲜明性联系的是其真实性的概括性，即共性。阿Q是一个连姓都被剥夺的雇农形象，精神胜利法成为他赖以生存的精神支柱，自欺欺人、欺软怕硬的性格特征也是辛亥革命前后这些流浪雇农的表现。这种特征既是一个时代人物的特征，又是不同时代、阶层人物性格的典型，表现出了艺术概括性即典型的共性。

因此，艺术典型性不是定型，定型是一种公式化和概念化的人物造型。而典型则既具有高度的概括性又具有鲜明的个性，是普遍与特殊的统一。它既具有鲜明的个性色彩，又反映了社会生活本质规律，是个性和共性的统一。

在服装艺术形象美中的艺术典型性也有鲜明的体现。一方面，服装成为塑造艺术形象的符号，某个艺术形象的成功离不开由服装塑造的外观形象，也正因其成功，长期以来便在观众心目中形成了约定俗成的外观形象。比如上述的天鹅裙，如果在《天鹅湖》中，把"天鹅裙"换成其他样式，观众或许还识别不了角色的定位，因此，这种典型性对服装艺术形象美的重要意义还在于它的标识性，这也恰恰是艺术形象美的首要因素。另一方面，不同时期，不同的创作者又为这些艺术形象注入了鲜明的个性特色。唯有此，这些深入人心服装艺术形象美才会魅力永驻而不会为观众带来视觉上的审美疲劳。

（3）创作制约性：舞台服装、影视服装与演员的台词、动作以及布景、灯光、音乐等共同构成了整体的演出系统。这种综合性，决定了舞台服装与影视服装的创作会受到其他艺术部门的影响。以舞台服装为例，舞台的空间形式、色光的处理、演员的形体条件均会对舞台服装产生影响。如一组淡雅简洁的服装，在生活中无可非议，但是在舞台上，如果天幕是淡灰色，灯光是照明的白光，这组服装就没有半点力量，角色便显得惨淡无力。因此，服装艺术形象美不是孤立的展示服装美，而是与其他舞台条件、银幕条件共同创造艺术形象美。

（二）服装艺术欣赏美

1. 什么是服装艺术欣赏美

服装艺术欣赏美是把服装作为艺术创作对象、具有独立审美价值的和欣赏价值的服装美，如时装画、时装摄影、高级时装以及各类艺术形式下的以服装为创作对象的艺术作品，并能够带给人们精神愉悦的审美享受。它们或以真实的服装形象展现（如高级时装）或依托于各类艺术载体（如时装画、时装摄影）而体现出来。作为艺术作品的服装艺术欣赏美是由服装设计师、艺术家创造的，它们不仅展示了服装美，还体现了创作者的创作理念。

2. 服装艺术欣赏美的美学特征

（1）审美性：服装艺术欣赏美是作为审美对象而产生的，同时也是艺术家创作的艺术作品，其目的是为了满足人们的审美需求，带给人们精神上的美感享受。

实质上，无论是服装艺术形象美还是服装艺术欣赏美，审美性也是其共同的特征，而在服装欣赏美中则更加直截了当的体现出来。例如，以摄影为载体的时装摄影艺术，通过布景、模特、灯光，以及数码后期处理等技术手段将服装之美以影像的形式呈现出来。我们从时装摄影中欣赏到的是图像的意境美或摄影的画面美，或许还会从中领略到它的诗意和隐喻（图2–18）。

在时装界有"阳春白雪"之称的高级时装，它的"高级"也正体现在它的审美性方面。在巴黎，尤其是高级女装盛行的年代，服装与绘画、音乐等并列艺术之林。我们之所以把高级时装也列为服装艺术欣赏美，是因为审美性和对美的追求是高级时装的永恒目标；用服装展现美，几乎苛刻的追求完美、唯美。为此，很多高级时装往往不计成本的去生产一件服装！高级时装的审美性还体现在它不仅出现在T台上而且还会被美术馆、博物馆收藏并展览，这也使我们能够像欣赏一件艺术品一样去欣赏高级时装并获得美的享受

（a）时装摄影传达了艺术性与趣味性。

（b）模特在林肯纪念堂前的照片，景物美与服装美相得益彰，这也是时装摄影的审美性所在，作者：托尼·悌斯（Tony Thinsel）。

▲ 图 2–18

时装摄影

（图 2-19），这也是其艺术品质的体现。

　　这里需要提及的是，服装欣赏美在艺术与商业之间具有一定的交叉性，因其表现内容脱离不了服装之美，而服装是生活中的实用品，因此在它们的艺术形式中会不免沾染些许商业味道，如时装杂志中的时装插画、时装摄影就具有一定的商业宣传色彩，而当代高级时装的商业目的也是不言而喻的。但是不管怎样，它们所具有的审美性或者说可供欣赏性是一个不争的事实。

▲ 图 2-19

博物馆中的高级时装

2015 年，纽约大都会艺术博物馆展出了中国风青花瓷系列高级时装。

　　（2）创造性：作为艺术作品欣赏的服装之美，创造性是它的本质。实质上，创造性也是各门类艺术共同的审美品格。具有创新意义的艺术作品尽管会受到争议，但也会因此而得到人们更多的关注。服装审美是一个不断更新、不断变化的过程，求新、求异是服装审美心理的特点。服装艺术美的创造性满足了人们在服装现实美中体验不到的审美需求。创新意味着打破常规理念，探索、发掘与众不同的服装美，以此满足人们对服装审美的更高追求。这种创意性首先体现在创作主体方面。就创作主体而言，他的审美认识和审美实践应是不断向前发展的，唯有此，才能保持艺术作品旺盛的生命力，这一点，在高级时装艺术中尤为突出。作为服装艺术集中体现的高级时装，衡量标准之一就是与众不同的创意性。因此，设计师们在每一季的时装发布中都会绞尽脑汁的超越自己原有的作品，推陈出新，打破常规甚至是带有反叛的味道，很多设计师如约翰·加里阿诺（John Galliano）、亚历山大·马克奎恩（Alexander McQueen）、荷兰设计组合维克多 & 罗尔夫（Viktor & Rolf）在时装评论界把他们称作"鬼才"。其意就是他们的作品新、奇、特。图 2-20 中作品无不体现了设计师的创造性。

　　（3）艺术性：艺术性是服装艺术欣赏美的审美价值所在。无论是时装画、时装摄

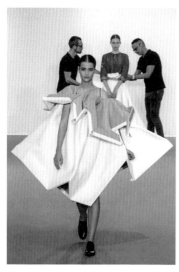

▲ 图 2-20

荷兰设计组合维克多 & 罗尔夫（Viktor & Rolf）2015 秋冬高级定制

灵感直接来源于画框艺术，将画框从墙上取下，这些绘画作品便在模特身上开启了第二次生命。一幅幅画作在现场被制作成服装，最终又还原成画作本来的模样。一种说不清道不明的戏谑与紧张感肆意蔓延。

影还是高级时装无不充满了艺术气质。它们内在体现了创作者的思想、情感以及艺术风格、艺术理念甚至艺术流派等，它带给人们的除了审美的愉悦还有艺术感染力和熏陶。图 2-21 中的高级时装作品是受到绘画艺术的影响，而将它们用于服装设计中创作的，其艺术性可见一斑。

（a）韦斯特伍德（Westwood）1982秋冬作品。很明显受到了"野兽派"画家马蒂斯（Matisse）绘画风格的影响，并将画作印在服装上。打破常规的服装造型与野兽派绘画的结合，使这件服装充满了抽象艺术的味道。

（b）受波普艺术影响的晚礼服。品牌：范思哲（Versace）。左图是安迪·沃霍尔（Andy Warhol）的波普艺术绘画作品，这件晚礼服充满了流行艺术气息。

▲ 图2-21

服装欣赏美的艺术性

三、服装现实美与服装艺术美的关系

服装现实美与服装艺术美在两个不同的层面为人们带来不同的美。服装现实美装点着人们的外观形象，它的美有着充实的生活内容。服装艺术美带给人们的是艺术欣赏中的审美愉悦。它们既平行、并列又交叉、重叠，艺术美的服装常常来源于现实美，现实美的服装又从艺术美那里得到灵感，服装艺术美来源于现实美高于现实美。服装艺术美与生活中的服装现实美密切相关，不是设计师凭空臆造出来的。生活装是艺术装的创作源泉与依据。但是，艺术美是在生活现实美的基础上运用修饰、夸张、变形等艺术语言，创造出更符合艺术规律的服装美。例如，电影中经典的卓别林（Chaplin）形象，用夸张的大鞋子，短到齐腰的小西装，肥大的裤子将一个滑稽、无奈的小人物塑造出来。他的这身行头是对日常生活中服装的夸张与艺术加工而来的（图2-22）。

▲ 图2-22

卓别林的服饰形象

另一方面，艺术美的服装也影响着现实美的服装，有时候现实美的服装不乏对艺术美的服装进行仿效，电影服装在生活中的流行就说明了这一点。成功的电影服装和流行服装的设计之间是一个相辅相成的关系，它们互相影响，并且互相成为彼此之间的设计源泉。纪梵希（Givenchy）为影星赫本（Hepburn）在《蒂凡尼的早餐》中设计的黑色无袖鸡尾酒长裙，经由赫本的演绎以及电影的推广，使得那件"小黑裙"成为那个年代流行的标志（图2-23）。

在服装艺术欣赏美中，时装插画和时装摄影还肩负着传递时装信息的功能。也许在将来

▲ 图2-23

赫本的小黑裙

的某一时刻，画中的服饰稍加改变就会成为生活中的着装。而很多流行时尚杂志中的时装插画也是以现实服装为摹本的。艺术来源于生活，又高于生活，与此不同的是，服装艺术美来源于现实美，它不仅高于现实美还影响、渗透现实美。服装的现实美与艺术美也体现了服装的双重价值：使用价值和审美价值。使用价值或者称实用价值是服装现实美的着重体现，审美价值则是服装艺术美的着重体现。使用价值为服装的物质内涵所决定。服装一旦作为审美客体，人们对其以美的尺度加以衡量，它的审美价值就发挥出来了。当艺术的本质与目的在服装审美中占有第一性的时候，这样的服装就成为艺术品了。使用价值是具体的，审美价值是抽象的。一件衣服的使用价值我们可以具体感知，而一件衣服的审美价值却无一定论。实质上一件服装的现实美与艺术美往往同时具有，只是侧重点不同。如戏剧服装的使用价值就是角色塑造，而它的使用价值是通过审美价值体现出来的。

本章小结

● 服装现实美主要是指存在于日常生活中的服装美以及人与服装结合的着装美。具有物质性和精神性两方面的属性。它的美学特征体现在：

（1）服装现实美的创造、展示、评判以及对人的依赖性。

（2）服装现实美对社会生活的依赖性，符合社会生活、生产实践要求的服装就会为人们所用，而它的审美价值也体现在其中，反之则会随着历史车轮的前进而被淘汰。

（3）服装现实美中的物质属性与精神属性互为依存，同时构成了现实美。

● 服装艺术美是设计师、艺术家运用一定的艺术创作手段，遵循一定的艺术创作规律所创造的具有审美价值的服装美。分为两种类型：一是服装艺术形象美，二是服装艺术欣赏美。服装艺术形象美主要包括各类舞台服装、影视服装等。服装艺术欣赏美主要包括时装画、时装摄影、高级时装以及各类艺术形式下的以服装为创作对象的艺术作品。

美学问题回顾

1. 美的分类。

2. 现实美。

3. 艺术美。

4. 孔子、庄子、墨子的关于服装美的观点。

5. 艺术典型性。

思考题

1. 举例说明服装现实美的属性、美学特征。

2. 举例说明服装艺术美的分类和美学特征。

3. 收集有关服装艺术欣赏美的图片资料并进行赏析（时装画、时装摄影以及其他）。

4. 以一个你感兴趣银幕形象为例说明服装艺术形象美的特点。

基础
理论

服装美与人体美互为依托，
　　共同缔造了两性的服装美世界

课题名称： 服装美的基本问题

课题内容： 1. 服装美与人体美

　　　　　　2. 服装美与性别

课题时间： 6课时

教学目的： 1. 了解服装对人体美展示的三种方式：隐藏人体美、彰显
　　　　　　人体美、塑造人体美以及它们的形成原因、审美特征。

　　　　　　2. 了解男女两性各自服装审美的发展历程和特征。

教学重点： 1. 服装是怎样表达人体美的。

　　　　　　2. 服装是怎样展示性别美的。

教学要求： 1. 教学方法——以讲授法为主配合图片演示。

　　　　　　2. 问题互动——以课堂讨论的形式选取课程重点内容与学
　　　　　　生进行问题互动，并进行总结。

第三章 服装美的基本问题

导语：人与服装的关系，从物质需要的依托到逐渐融入审美意识，满足精神层面需求，虽然历经数千年的变迁，但作为美的展示，服装始终脱离不了两个基本层面：一是服装对人类自身形体美的表现；二是服装对性别美的展示，这是服装美的基本问题。

第一节 | 服装美与人体美

如果问：人类与动物的主要区别是什么？也许你会不假思索的回答：劳动、语言、思维……那么，别忘了"穿衣"这项人类特有的行为，这件我们每个人每天早上睁开眼睛做的第一件事！服装的产生是人类社会文明的标志，它将人类自然意义的身体赋予了社会意义。衣服如果脱离了它所修饰的身体便没有了生气和意义，而不穿衣服的身体在文明社会里也会被看作有碍观瞻，甚至是破坏性的。因此，衣服就像是身体的一部分。那么，作为身体"延续"的服装是怎样展示身体美的呢？

人体美属于自然美的范畴。然而，这种自然美却无时不刻的被"人工美"（服装）包围着。在文明社会，我们对人体美的认识是通过服装反映出来的。服装是人体的包装，人是着装后的文明人。因此，作为服装美学基本、首要的问题就是探讨服装美与人体美之间的关系。从广义的角度来看，在服装美与人体美构建的审美关系中，不外乎两种情况：一是服装美与人体美的审美关系（即服装怎样体现、表达人体美），二是服装美对性别美的表达（即服装性别审美差异）。因此，我们又把它们看作是服装美与人体美的基本问题。

一、人体美的审美表达

人体美亦称形体美，人的形体结构之美。自古以来，人体美就是艺术家、美学家创作和研究的对象。早在古希腊时期，人们就十分重视人体美，并将之称为"身体美"。毕达哥拉斯学派认为身体美在于各部分之间的比例关系和对称。柏拉图认为身体的优美与心灵的优美和谐一致是美的最高境界。中世纪崇拜神，否定肉体，人体美也一度遭到贬抑。欧洲文艺复兴后，人体美又重新受到重视和歌颂……可见，不同的历史时期，人们对人体美的认识和态度是不同的。

人体美包括两方面：一方面指人的体态、容貌的外在形式美感，诸如四肢匀称、五官比例协调等，它的评判受到形式美法则的影响。达·芬奇（Da Vinci）根据人体解剖试验和数据统计，得出了一系列最美的人体比例关系：人的头长是身高的八分之一；肩宽是身高的四分之一；两臂平伸等于身高；叉开双脚使身高降低十四分之一；分举两手使中指指端与头顶平齐，这时肚脐是伸展四肢端点的外接圆的圆心；而两腿当中的空间恰好构成一个等边三角形。人平伸双臂，可以沿人体做一个正方形，人伸展四肢，可以沿着人体画一个圆形。这两张图叠合在一起就是达·芬奇所画的著名的人体比例图（图3-1），这幅名画背后体现的是自然和谐的人体美。

另一方面，就人体美的内在而言，美的人体是健、力、美的统一，它所体现的是一种精神状态。不同时代、民族、种族的人对人体美的审美标准有同有异。人体美是人的重要审美对象，能使人愉悦、坚定并对人的本质力量充满自信。它是艺术表现的重要对象，是艺术美的重要源泉。早在古希腊时期人们就以艺术形式歌颂、赞美人体美。图3-2是希腊雕刻家米隆（Myron）大约作于公元前450年的雕塑作品。这件作品也是古希腊雕塑艺术表现人体美的典范，雕塑刻画了一名强健的男子在掷铁饼过程中最具有表现力的瞬间，赞美了人体美所饱含的生命力。

人体美是自然美。然而，对于这种自然美的审美标准、审美观念却是带有社会性的，人们对自然属性的人体美赋予了种种人文色彩的想象，使之更加适应社会文化背景下的

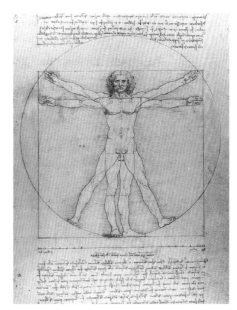

▲ 图 3-1

《维特鲁威人比例研究》

作者：达·芬奇。

▲ 图 3-2

掷铁饼者

作者：米隆。

审美标准。当人体美的自然属性无法达到人们的审美期待时，人们就会通过外界手段，创造"理想"的人体美。

二、创造"理想"人体美的方法

人们通过外界手段创造"理想"人体美有两种方法：一是身体修饰；二是身体着装。

（一）身体修饰

对于身体装饰来说，一方面是健美，即通过对身体长期训练达到理想的身材效果，二是直接对身体某部位进行人工装饰，主要部位以面部、颈部为主，也有对四肢、腹部的装饰，方法有：化妆、烫发、美甲、文身、彩绘、打洞、穿孔、疤痕等。

1. 健美

健美是一种强调肌肉健壮与形体美的活动，旨在塑造人们理想中的人体美。起源于古希腊，最初只有男性参加，以男子粗壮的脖子、发达的胸肌、矫健的双腿为美。健美又被看作是展示肌肉的艺术。在 19 世纪之前并没有真正出现过，19 世纪晚期普鲁士人尤金·山道（Eugen Sandow）开始推广这项运动，他也因此被称为"现代健美之父"。健康、匀称的人体形象展示的是富有生命力、生机勃勃的人体之美（图 3–3）。

▲ 图 3–3

现代健美之父——尤金·山道

2. 装饰

身体装饰有着悠久的历史，可以说自从人类诞生就出现了对身体的各种装饰方法。在这些身体装饰中有的是暂时性的，有的会成为永久性的身体烙印或者说身体"符号"。世界各地不同文化圈的民族通过各式各样的身体装饰以表达他们对身体美的审美观念。这些身体装饰既是宗教思想、社会文化等的体现，也是个人身份归属的认同（图 3–4）。

（a）头部皮下植入的珠　　（b）苏丹妇女的瘢痕。　　（c）乍得萨拉族妇女的　　（d）肯尼亚人拉长耳朵。
饰，当代美国人体装饰　　　　　　　　　　　　　　拉唇板。
艺术家史蒂夫·霍沃思
（Steve Haworth）开创
的皮下植入技术。

▲ 图 3-4

身体装饰

（二）身体着装

身体着装是通过服装的身体包装效果体现人体美。作为社会人，我们的身体被服装包裹着、修饰着。服装美与人体美的关系是你中有我，我中有你，没有人体，就没有服装，精美的服装能弥补人体自然美的不足，穿什么服装才美，成了人类生活和社会文明的永恒主题之一。从服装美对人体美的展示方面来看有三种方式：隐藏人体美、彰显人体美、塑造人体美三种形式。这三种形式是人体的自然美与由服装所塑造的社会美的结合，并反映了人们的审美意识和观念。在这里，服装不仅仅是人体美的衍生物，更重要的，它是人体与社会"对话"的产物。

1.隐藏人体美

所谓隐藏人体美就是用宽松的服装将人体包裹，隐藏起来，使人的自然体态在视觉效果上失去意义，我们看到的是服装掩盖下的"人体美"或者说是由服装塑造的"服装美"。很显然，在这类服装中人体美让位于服装美。

（1）文化观念中的隐藏人体美：将人体藏在服装里面，用服装掩盖人体，在这种隐形、藏形的服装与人体的关系中，体现的是对人体美的抑制，同时也是对服装审美功能的张扬，并有深刻的思想文化内涵。

在中国传统的民族意识里，遮羞蔽体被认为是服装的重要功能之一。汉字"衣"字的来源也正因于此。《说文解字》记载："衣，依也，上曰衣，下曰裳，象覆二人之形。"《白虎通·衣裳》又载："衣者，隐也，裳者，障也，所以隐形自障闭也。"这些都是说，服装是遮掩人体的重要屏障。对于肉体的遮羞感觉在中国古代成为社会的共同认识。用服装遮掩人体的方式有两个：一种是"遮"，即遮挡或覆盖身体部位；另一种是"隐"，即通过一种特别宽大的服饰，来淡化里面的人体凹凸曲线，即服装不仅要遮盖身体，还必须消除身形的视觉感。《礼记》劝诫女性："出必掩面，窥必藏形。"中国古代服装在造型上正是体现了这种既遮又隐的着装观念。

就中国古代服装来说，无论是反映礼制文化的冕服、寓意谦谦君子的深衣，还是中国古代普遍穿着的袍、衫、袄等，无不以宽松肥大为主要特点。如春秋及两汉时期使用最广泛的深衣，它的腰围约有七尺二寸，下摆约有一丈四尺。古代的七尺二寸约合现代的近二米，可想而知深衣的肥大了。"深衣"名称的由来也正是因其"被体深邃"穿着时能拥蔽全身，将人体掩蔽严实的缘故而来。人体被服装掩盖，这样的服装追求更多的是超越形体的美感和意蕴以及服装带给穿着者的精神象征。深衣在古代被认为是君子的象征，它的周身布满了寓意，以此警戒穿着者。《礼记·深衣》中有"古深衣者，盖有制度，以应规、矩、绳、权、衡"，意思是深衣的袖圆似规、领方似矩、后背缝垂直如绳、下摆平衡似权。在儒家的理论上，用圆袖、方领，以示规矩，意为行事要合乎准则；垂直的背缝线以示做人要正直；水平的下摆线以示处事要公平。在这里，人体美被忽略了，服装的精神寓意更加重要，而服装的精神寓意所要体现的一个侧面正是对人体美的掩盖（图3-5）。

在道德观念、文化观念的影响下，身体被服装掩盖而深藏不露，这种服装审美观念一直统治了中华服装五千年之久，直至辛亥革命之后，西式服装渐渐涌入国内，我们的服装才渐渐从隐藏人体美到彰显人体美。

▲ 图 3-5

西汉时期深衣

1972 年，湖南长沙马王堆一号汉墓出土。

（2）宗教服装隐藏人体美：宗教服装以及受宗教思想影响的服装，对人体美的"隐藏"可谓是最彻底，也是最苛刻的。它不仅体现在服装造型方面，将人体严实的包裹起来，不折不扣的掩盖了人体美，还体现在服装自身也毫无美感可言，服装在色彩、纹饰上都非常朴素、单调、沉闷，似乎将一切与美结缘的东西都"隐藏"起来。

宗教的信条和教义是信徒们的行为规范。它们潜移默化地影响到信徒们日常生活的每一方面，服装也不例外。宗教思想意识之下的服装，既是宗教教义规定的体现，又是信徒们自我约束的一种方式。这种约束是一种自我修行，摒弃私欲和杂念，才能更好的修行。服装是生活中的俗物，对美好服装的追求就是对世俗生活的追求，就是对享乐的追求，它会妨碍修行。因此，作为宗教意识产物的宗教服装总是尽量剔除一切装饰，以最为朴素的面貌示人。对身体美的展示是宗教服装所不容许的，因为这与宗教的禁欲主义相悖。深深扎根于人们心目中的信仰生活，以及由此产生追求心理安宁的强烈愿望以及不张扬、清心寡欲的生活态度，表现在服装上就是不显露身体：从头上垂下的面纱，将面部甚至全身都掩盖起来。服装的造型朴素、简单几乎没有任何装饰。可以说，以"隐"为美是宗教服装审美特点之一。

罩袍是一种蒙住全身的长袍，它是许多穆斯林国家女性的主要服装，也是穆斯林文化的代表。它从头到脚将女性的身体严密的围裹起来，脸部还用面纱遮挡，只给穿着者留下眼睛。罩袍的确切起源已无从考证，但公元七世纪初在印度、巴基斯坦、沙特阿拉伯、阿富汗等国家的女性均穿着这种将全身围裹起来的造型类似的服装。它是穆斯林女性朴实、低调的集中写照（图3-6）。

伊斯兰教的经典教义《古兰经》认为在真主面前教徒们要用衣服将全身覆盖，这样才能表示谦逊。因此，社会学家和宗教领导者经常会要求穆斯林的男性和女性要将头部包裹起来以表示对宗教的尊重。还有一些穆斯林社会学家要求女性不仅要包裹头部、面部还要包裹全身。在大多数旁观者的眼中，穿着罩袍是对女性的一种限制，它不仅限制了行动，还制约了女性气质的展示。当今，欧洲有许

▲ 图3-6

罩袍

戴面纱、穿罩袍的女性，这是中东地区的传统女性服装。

多国家支持禁止穿蒙面罩袍，但是那些生活在保守社会文化中的穆斯林女性还是会选择在公共场合穿着罩袍的。因为在她们看来，封闭的罩袍保护了女性的隐私。尽管罩袍将全身包裹，但依然遮挡不住女性对美的追求。随着国际时装品牌对中东服装市场的关注，一些服装品牌针对穆斯林市场推出了伊斯兰风格罩袍，罩袍也被注入了新的活力，甚至也时尚起来。图3-7是国际知名服装品牌推出的新式罩袍。

值得一提的是，宗教的戒律，使得穆斯林女性在参加体育运动时也不得不注意身体的遮蔽。近些年，穆斯林女性的罩袍式泳衣吸引了欧洲媒体和公众的注意。这是一种将全身包裹只留下脸、手和脚的泳衣，由上衣与裤子组成。罩袍式泳衣的推出可以使穆斯林女性像其他女性一样享受在公共泳池游泳，而又不失对宗教的尊重。但是，女权主义者认为它破坏了女性的民主权利，限制了女性的自由。有趣的是，当穆斯林妇女穿着罩袍式泳衣出现在公共泳池或沙滩上时，总会吸引众多的目光，甚至比"比基尼"还要吸引眼球（图3-8）。

（3）民族服装隐藏人体美：宽

▲ 图3-7

充满时尚感的罩袍

品牌：杜嘉班纳（Dolce & Gabbana），2016年。

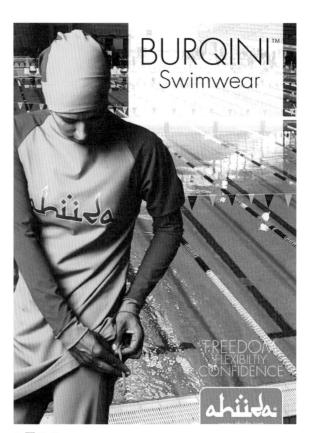

▲ 图3-8

穆斯林女性的泳衣

设计：罕德·扎内蒂（Aheda Zanetti），2003年。

松肥大、不显露体形是某些民族服装的造型特点，这种"隐形"服装的形成，很大一部分原因是实际生活需要。

有些民族服饰造型单纯，仅在布上挖一个洞，把身体的一部分（如头、胳膊或腿）从这个洞穿过去就形成了服装，仿佛一块被单将身体掩盖起来。目前，这种"贯头式"服装依然被生活在中南美洲的居民使用。这里距赤道较近，有些国家还地处高地，高地气候温差很大，白天在阳光的照射下十分酷热，太阳落山后会变得很冷。在这些地方，这样的服装就像一个大帐篷将人体"装"了进去，可以避风、防尘、防晒、防寒，而且穿脱方便，非常便于对应气温变化无常的自然气候，它凝聚着当地人的生活智慧。当不穿的时候，就将其对折，形成一条披肩，再叠得小一点可以当帽子用，在寒冷的晚上，可以搭在膝上或当毯子披在身上，还可以作为室内装饰布搭在沙发上。现代人使用的最有代表性的"贯头衣"就是"乓乔"（Poncho）❶。它是智利、厄瓜多尔等南美洲国家的民族服饰（图3-9）。因为这种服装适合于这里的生活环境和气候风土，因此作为与生活相关的实用服装而为人们喜爱。

▲ 图3-9

智利的民族服装乓乔

---

❶ 乓乔一词来自于居住在现在智利中部的先住民——阿拉吾卡诺族穿的一种毛织物。这种毛织物是用美洲驼毛、羊驼毛和驼马毛等混纺后经过手工织成的，很朴素、挺括。16世纪初征服了中美洲的欧洲人用这个名称称呼印第安人的"贯头衣"，后来乓乔一词就成了"贯头衣"的总称。

当服装将人体美全部掩盖起来时，有两种审美意识：一种是服装不以表现人体美为目的，或者服装美优于人体美而成为审美的重点；另一种则是服装美掩盖、压抑人体美，这样的服装朴素、严肃、单调甚至乏味。尽管服装将人体之美隐藏起来，但是它所传递的审美观念用潜在语言告诉我们它的存在是由于种种社会文化的需要，因此，我们说隐藏也是一种美。当代这种隐藏人体美的服装依然出现在时装秀的T台和生活着装中，它们传递着更加丰富的审美观念（图3-10）。

▲ 图3-10

白色戏剧

作者：川久保玲（Rei Kawakubo），2012年。白色的茧状物造型层层堆叠，将人体紧密包裹，每个"蚕茧"上都覆盖着白色、象牙色的玫瑰花，束缚双手，仅露出面部，使观者看不到里面的人体。

2. 彰显人体美

所谓彰显人体美，就是通过服装展示人体自然之美。服装既是展示人体美的"道具"，同时服装之美又在人体美的衬托下得以体现。主要表现在两方面：一是彰显体型，二是裸露身体部位。

（1）彰显体型：其服装的主要特点是合体，即服装裁剪制作的与人体如影随形，可以将人体的四肢、躯干充分显露出来。这种合体型服装也是现代服装的主要形式。

不得不承认裁剪技术的革命帮助人们实现了用服装展示人体美的梦想。人体是三维的，要想使服装能够按照人体的体型塑造出来，就意味着服装的制作要由二维平面转向三维立体。实质上，隐藏人体美的服装，绝大多数属于二维平面服装造型。

西方服装在13世纪以前一直是宽松、平面的二维造型，13世纪欧洲出现了划时代的裁剪方法，使得服装造型开始向三维立体发展。当时的女裙除了前片、后片，还多了第三个面——侧面，并且为了显露女性的腰身，裙子在前、后、侧三个面把腰围和臀围的差量去掉了，这个去掉的量就是服装结构设计中的省道。这样女装开始走向立体化，女性的腰身也被服装显露出来（图3-11）。

彰显体型的服装还在于服装能够将人体的四肢合理、合体的包裹起来，并显露出

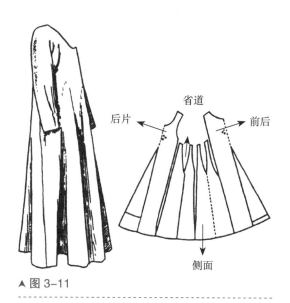

▲ 图 3-11

13 世纪欧洲女裙裁剪图

裙子侧面的出现使服装由平面转向立体，省道使腰、臀女性体态特征展露出来。

▲ 图 3-12

欧洲 15 世纪中期男装

来，使服装的袖部、腿部符合人体体型。图 3-12 是仿制欧洲 15 世纪中期的男装。上身为合体的紧身短小夹克，下身是类似于长筒袜一样的裤子，裤子将腿部造型清晰地勾勒出来，整个服装将人体体型显露出来。

这样的服装无疑增强了人体的活动功能，为人们带来了方便。然而要达到这样合体的彰显体型的效果，这其中不仅包含了服装制作技术的革命，还体现了人们审美观念的改变。另一方面，彰显体型的服装是对人体美的肯定，是人们通过服装对人体美的张扬和修饰（图 3-13）。

（a）1997 年安·迪穆拉米斯特（Ann Demeulemeester）斜裁晚装。

（b）1997 年范思哲晚装。

▲ 图 3-13

利用高超的裁剪技术展示人体美

（2）裸露身体部位：在服装美与人体美的关系中，裸露是一种最为直接展示自然人体美的方式，将身体的某部位赤裸裸的展示出来，意味着对人体美的欣赏高于服装美。在人类社会文明发展的不同阶段，对身体的裸露态度是不一样的。

在文明尚未开化时期，赤身裸体是很自然的，上古时期（公元前27世纪）的埃及男性仅用一块三角形缠腰布围裹下身，而上半身完全赤裸，女性穿着的筒形紧身连衣裙，上半身也几乎是赤裸的，对于奴隶来说往往不穿衣服，仅在腰间系扎一根绳子，名为"绳衣"（图3-14）。

随着社会文明的发展，服装上的裸露程度不断减少。在漫长的穿衣史中，衣物始终以各种造型包裹着人体。当身体被服装遮蔽以后，再将身体某部位裸露出来时，这种裸露竟成为服装史上的"革命"。这不仅是服装审美意识的变革，还是思想观念、社会风尚的变化。服装对人体的裸露部位、裸露程度是一个循序渐进的过程，也因此而产生了一些专有服装的类别。

▲ 图 3-14

古埃及服装

古埃及壁画中的女性服装，可以看出赤裸肌肤是很自然的。

①裸肩、裸臂、裸背服装：肩部、手臂、背部的裸露是当代女性服装中常见的裸露部位，这些部位的裸露充分展示了女性的体态美。

巧妙的露出肩部是女性服装裸露史上的第一步。这不仅包括颈部、肩部，还顺理成章的和手臂的裸露联系在一起。我国唐代就出现了裸露肩部的女装造型。其开放程度为历代所不及：女性穿抹胸式裙装，外披轻薄纱罗衫，双肩和手臂在透明的轻纱掩映之下隐隐显露，依稀可见，正所谓"罗薄透凝脂"。在西方19世纪女装造型中裸露肩部的服装已经很普遍了。对于当时的女性来说，这样的服装造型不仅为了展示肩部、颈部之美，还充当了"橱窗"的作用，其目的是为了展览主人所佩戴的名贵珠宝（图3-15）。

同样是颈部、肩部、臂部的裸露，由于东西方审美差异，裸露的方式也不同。西

（a）《簪花仕女图》局部。
作者：周昉（唐），身穿襦裙和披帛的唐代女性，肩和手臂在透明轻纱的掩映下隐隐显露。

（b）威尔士公主。
摄影：亚历山德拉（Alexendra），1864年。

▲ 图 3-15

中外历史上裸肩服饰

方直白大胆的裸露，而我国唐代服装则轻纱蔽体若隐若现的含蓄裸露。在当代裸肩的服装中，身体连同服装一同被纳入审美视野成为欣赏对象。裸肩最初是为了展示双肩之美，然而有时候，裸露部位的服装造型过分突出，这时被裸露的身体美反而成了服装美的一种陪衬（图 3-16）。

　　背部的位置，使它的美容易被人们忽略。能够充分展示背部美的服装，当属露背晚礼服了。1932 年，设计师玛德琳·薇欧奈（Madeleine Vionnet）用斜裁方法

▲ 图 3-16

裸肩服饰造型

裸露的身体美与服装美互为设计元素。

开创性设计了一款背部镂空的经典露背晚礼服，从此，背部之美开始进入人们的视线，露背晚礼服也成为那个年代的时髦服饰。裸背服装将背部作为服装设计的关注点是一个大胆的创新，将背部直接裸露出来又体现了人们对身体审美视野的扩大和解放。尽管裸露是大胆的，但是背部的裸露可谓一种"隐蔽"的裸露，它在悄然的展示人体美（图 3-17）。

②比基尼：女装"裸露史"上具有划时代意义的服装无疑是比基尼，它开创了对身体裸露的极限挑战。

1946 年夏天比基尼问世了。它的问世所带来的社会影响不次于同年夏天美国在太平洋的比基尼岛上进行的原子弹爆炸试验，这也是"比基尼"名称的来源。比基尼是由法国设计师雅克·海姆（Jacques Heim）和瑞士工程师路易斯·里尔德（Louis Reard）共同推出的轻薄、两件式泳装。比基尼泳装的出现让女性的身体达到了最大限度的裸露，是对传统审美观念的挑战与冲

（a）薇欧奈在 20 世纪 30 年代设计的裸背晚礼服。

（b）这款晚礼服用比例分割的方式，将背部与臀部曲线美展示出来。

（c）范思哲 1991 年设计的裸背晚礼服。

▲ 图 3-17

裸背晚礼服

击。因此，在最初问世的一段时间里，在公共场合穿着比基尼是不受欢迎并遭到排斥的。20世纪20年代一些大胆而时髦的女性开始像男性一样进行户外体育活动，女性对游泳的热衷，推动了游泳服装的产生。但是当时所穿的"泳衣"并非专业泳衣，只是在日常服装的基础上为了适合游泳的需要而改进的，泳衣裸露部分要比比基尼少得多，仅裸露手臂，即便是这样，由于宗教原因，这种泳衣一经出现就立刻被禁止（图3-18）。

20世纪30年代，随着社会的进步，女性们游泳已经不足为奇了，为了适应游泳的需要，泳衣也进行了改进，成为将四肢展露出来的连体式（图3-19）。

20世纪40年代，比基尼泳衣出现了。1946年巴黎时装秀上展出了第一件比基尼，但并没有得到推广。直到20世纪50年代一些国际名牌服装也开始对比基尼投入关注，并将比基尼泳衣展示在他们的时装秀上，比基尼才逐渐得到人

▲ 图 3-18

20 世纪初期的"泳装"

当时的泳装除了手臂几乎是将全身包裹住的，并且还穿了长筒袜。

▲ 图 3-19

20 世纪 30 年代的连体泳衣

们审美认可（图 3-20）。

尽管比基尼最初受到争议，但还是逐渐被人们接受了，并成为沙滩装的代表，特别受到年轻人的喜爱。青年亚文化、性解放、织物技术的改革、对运动机能的追求和舒适的着装观念以及休闲风的普及，都是比基尼得以成功的因素。女性喜欢比基尼是因为它可以将身体最大限度的解放出来，舒适、自由的运动，并且可以展示美丽的身材。

③其他裸露服装：对身体的裸露方式还有很多，其中裸露腰部的露脐装、裸露腿部的超短裙，它们不仅成为一股时尚潮流，还成为服装的专有类别（图 3-21、图 3-22）。

▲ 图 3-20

比基尼泳衣

1952 年普拉达（Prada）品牌展示的泳衣。

▲ 图 3-21

露脐装

这是美国休闲服装设计师邦妮·卡辛（Bonnie Cashin）在 1973 年设计的露脐式运动服，可以说是最早的露脐装，在当时开创了"先锋"。运动服的裸露腰部设计也是为了增强运动机能。

▲ 图 3-22

超短裙

20 世纪 60 年代法国著名服装品牌伊曼·纽尔（Emanuel Ungrao）推出了裙子长度在膝盖以上 10 厘米的套装，是对正统套装的挑战，如今这样的超短裙套装已经很普遍了。

当人类社会告别蛮荒期产生服装蔽体的穿衣动机后，穿衣行为成为人类进入文明社会的标志。伴随着社会的发展，人们逐渐又有了刻意裸露身体部位、展示身体美的审美动机。可见，在这个轮回中，遮蔽是社会文明的产物，裸露也是社会文明的产物。只是这个"文明"的"法则"不同。

3. 塑造人体美

所谓塑造人体美就是通过服装帮助人们塑造理想的体态，使人体在服装的外包装之下呈现出由服装所塑造的"新"造型。这个"新"造型，有的是对人体部位的夸张修饰；有的是试图通过外力改变了人体本来面貌；还有的是对人体自身形体的矫正。主要有以下几种类型：

（1）夸张身体部位：指通过服装对身体的某部位进行夸大处理，以此突出和强调这一部位，使之成为审美焦点，被夸张、修饰的身体部位在视觉上有的已经改变了原有的自然形态，并被赋予了新的意义。这种夸张修饰的方法可以是在服装内部增加填充物，也可以是将服装外部的空间扩大。人体是一个凹凸起伏的曲面，被服装夸饰的人体部位通常是顺应这些凸点或支点，使之在人为效果之下，更加明显，如肩部和臀部。

①夸张肩部：如果把头看作"点"，躯干看作"面"，肩部这条"线"正好是"点"与"面"的分界线。从人体的运动机能来看，头部易动，躯干易静，肩部则是"动与静"的分水岭。肩部是构成人体和谐美感的重要部位。为了强调肩部这条"线"的平直和力度，在现代服装中最简单、最直接的装饰手法就是在肩部加入垫肩。

不言而喻，在男装中垫肩的使用为男性增添了威严感和阳刚气质。那么，在女装中加入垫肩，尤其是过分强调肩部效果的夸张型垫肩，又会是一种怎样的穿着效果和审美意识呢？"权力着装"（Power dressing）就是夸张肩部的代表服饰。20世纪80年代的美国，在"女权主义"运动的影响下，越来越多的职业女性涌现出来，一些出色的女性攀登到了较高的职业位置，"女经理""女主管"已经很多了。生活内容的改变对女性的着装提出了一个新的要求：适应和男性一起工作的职场需求。于是，这些"职场女性"开始穿着男性风格的服装：西装、夹克、衬衣，并在衣服里面加入垫肩，而且垫肩的宽度和高度越来越夸张，硬朗的肩线塑造了一副令人生畏的、女强人的形象。也许这未必是这些女性选择宽肩服饰的初衷，但在男性主宰的职业环境和政治环境中，它却是女性通过服装带给社会的一份"独立宣言"（图3-23）。

▲ 图 3-23

权力着装

20 世纪 80 年代的宽肩女装垫肩增加了肩部的宽度,这样的着装散发着和男性平起平坐以及职业成功的信息。

宽肩为女性增添了硬朗的线条也造就了中性形象。格雷斯·琼斯(Grace Jones)是美国 20 世纪 80 年代最为活跃的超模和 Disco 女王,相貌奇特,身高 1.79 米,她爱穿垫肩夸大的外套,这种中性阳刚的形象成为她个人的招牌标志,也使她成为那个年代独树一帜的明星。20 世纪 80 年代,"撑起夸张肩线"是女权主义时装的重要标志,它将女人的肩线强化为力量的象征。格雷斯·琼斯也成为这一标志的代表(图 3-24)。

对肩部的夸张修饰改变了娇柔的女性形象。肩部是两性性别差异之一,男性肩部以宽阔、浑厚为阳刚美,女性肩部则以圆润、娇巧为阴柔美。用垫肩增加男性肩部的宽阔、威武

▲ 图 3-24

格雷斯·琼斯穿垫肩大外套

宽大垫肩为格雷斯·琼斯塑造了"雌雄同体"的中性形象。

之感是再恰当不过了，但用到女装上，看到的是在两性对立的身体自然属性之下，女性通过服装装饰追求的两性平等甚至是女权主义的服装审美理念。

②夸张臀部：臀部是女性体型中重要凸起点，也是塑造曲线的关键部位，因此对臀部的夸张和修饰成为服装表达人体美的重点。

历史上，受生殖崇拜观念影响，女性的臀部往往和生育能力有所关联。因此，对臀部的夸张修饰成为凸显女性气质和生殖崇拜的服装审美意识的表现。欧洲从 17 世纪始，就出现了在裙子内部加入由马毛做成的"臀垫"以使臀部翘起来的着装风格。至此，臀部之美开始进入人们的审美视野，于是"臀垫"变得越来越膨大，突起的臀部造型随之越来越夸张，直至演绎成为一种风潮。18 世纪 70 年代开始变得流行起来，并且通过裙子臀部的裙撑使臀部翘起，至 19 世纪 30 年代，后臀凸起的造型有了一个专有名称"巴斯尔"样式（Bustle style）。高高翘起的臀部，仿佛一张"小桌子"，上面"堆砌""摆放"各种装饰物。甚至于 19 世纪的男装也受到女装影响，出现了后臀部翘起的夸张臀部的服装造型（图 3-25）。

（a）1865—1867 年法国拿破仑三世统治时期的女装。

（b）1885 年英国男装翘臀样式的服装。

▲ 图 3-25

19 世纪的巴斯尔样式

"巴斯尔"样式虽已成为历史，但它却将臀部之美以及由服装所塑造的臀部之美带入了人们的服装审美领域。当代，这种夸张臀部的造型依然给予现代设计师很多启发，并为他们的服装设计所借鉴（图3-26）。

◄ 图 3-26

当代夸张臀部的服饰

作者：让－保罗·高提耶（Jean-Paul Gaultier）黑天鹅绒套装，1990 年。在臀部加了臀垫，很显然受到巴斯尔样式的影响。

▲ 深入思考

图3-27中左图是现代服装中牛仔裤的"包臀"效果，紧裹臀部牛仔裤将臀部曲线毕露无遗的展示出来，这也是一种对臀部美的强调，但这种"包臀"设计方法与"夸张臀部修饰方法"相反，一个是通过服装还原人体美，一个是通过服装夸张人体美。同样是强调人体美，历史和当代的塑型方法不同，审美效果也不同，原因是什么？

◄ 图 3-27

牛仔裤与巴斯尔样式

尽管"包臀"与"夸臀"造型方法不一样，但都是通过服装彰显人体美。

"夸肩"与"夸臀"都是通过服装对身体某一部位进行夸张修饰，达到强调与突出该部位的视觉效果。但由于人体部位不同，夸饰的审美动机与呈现的美感也不同。肩部对于女性而言应是圆润的、柔弱的，因此，刻意夸大肩部造型，树立了一个"反女性"气质的形象；臀部则是构成女性体态曲线美的重要部位，夸张、强调臀部，增加了女性气质的审美效果。

　　（2）塑造体型：女性的形体美始终是服装美表现的重点。因此，用服装塑造理想的人体美是服装不可推卸的"责任"。有趣的是，当人们绞尽脑汁用服装塑造新的人体美时，似乎早已经忽略了隐藏在服装里面的真实人体了，所呈现出来的也只是服装造型美。通过服装改变人体自然体态，塑造人们心目中的理想形体，这就是服装对人体的塑型。

　　①历史上的服装塑型：在人类服装穿着史上人们想尽各种办法通过服装塑造理想体型，为此出现了专有的"塑型"服装，它们既是内衣也是一件塑造体型的"工具"。

　　最有代表性的就是在西方服装史上出现的 X 型服装造型。纤细的腰肢和宽大的裙摆形成鲜明对比，表现出女性腰、臀特有的性感美特征。将女性形体塑造成 X 型，最早出现在文艺复兴时期，当时在思想解放的影响下，服装上开始追求并表现女性形体美的审美意识，尽可能的突出胸、腰、臀这些女性特征。于是，人们利用服装创造出他们理想中体型：X 型的服装造型出现了。为了塑造这样的体型，勒紧腰身的紧身胸衣应运而生；裙子的大下摆也使裙撑成为当时女性的着装必需品。

　　紧身胸衣是内衣，它的使用目的就是束腰。17世纪的欧洲女性束腰成为一种时髦，纤细的腰肢会使女性的形体特征放大。紧身胸衣在面料的内部加入鲸须以使面料硬挺达到塑型效果，并通过系带将腰部勒紧达到束腰效果，同时将腹部压平，胸部托起，以此塑造出了完美的人体曲线。当时的女性对细腰之美的追求几乎到了极致。图 3-28 是法国国王亨利二世（Henry Ⅱ）（1547—1559 年在位）的王妃卡特琳娜·德·美第奇（Catherine de Médicis，1519—1589 年）嫁妆中的铁制紧身胸衣。

▲ 图 3-28

铁制紧身胸衣

紧身胸衣分为前后两片，一侧装合页，一侧用挂钩固定。卡特琳娜认为理想的腰围尺寸是 13 英寸（约 33 厘米），据说她的腰围是 40 厘米，她表妹玛丽·斯图亚特的腰围只有 37 厘米。

欧洲历史上 18 世纪是紧身胸衣盛行的时期，各种样式的胸衣是女性着装的必备品（图 3-29）。

历史上，紧身胸衣是一件倍受争议的服饰。一方面，它塑造了挺胸、细腰、丰臀的女性体态，从审美角度讲，它是"造美"的"工具"；另一方面，由于长期高强度的身体束缚，使得内脏等器官受到极大伤害。从医学角度来讲，它又是一件折磨女性的"刑具"（图 3-30）。紧身胸衣的孰是孰非，姑且不论，这种女性塑身"法宝"从 16 世纪问世起，到 20 世纪早期被现代胸罩取代，足足统治了欧洲女性身体 400 年之久。

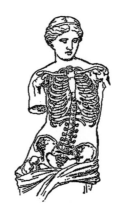

▲ 图 3-29

18 世纪的紧身胸衣

左图为加入鲸须的塑型胸衣，右图为有缎带装饰的棉质胸衣。

▲ 图 3-30

紧身胸衣对女性身体的危害

左图为正常身体形态图，右图为使用紧身胸衣后身体变形图。

借助于紧身胸衣很容易将人的自然体态改变，然而却会威胁到健康。当代历史上的紧身胸衣已经离我们远去，尽管依然有一些束身内衣等塑型服装为女性使用，但都尽量用健康的方式达到理想效果。现代人通过束身内衣达到矫正体型的效果。紧身胸衣塑造的人体美也成为历史上畸形审美的产物。

②现代服装塑型：现代服装注重机能性，历史上那些由服装所塑造的夸张、变形的人体美已经一去不复返了。现代服装对人体美的塑造主要有两方面：一是通过服装造型表现人体美；二是运用服装设计法则、服装搭配原则等去美化、优化人体美（圆

脸型适合穿 V 型领服装；提高腰线可以加长人体下半身视觉比例等）。这里我们主要谈谈服装外在造型对人体美的塑造。

与历史上的 X 型、S 型服装造型不同的是，现代服装造型对人体美的塑造多是通过服装自身的外在形式去实现的，不是通过"内在"的"强制"手段塑造或改变人体体型实现，并且造型更加丰富。实质上，服装外部造型（或者说服装廓型）在现代服装设计中扮演着重要的角色，它是设计的第一步，也是服装美展现的重要因素。恰当的服装廓型不仅可以突出并优化身材的自然比例，还可以在视觉上弥补不完美的身材缺憾，使之在服装廓型的塑造下呈现新的视觉效果和美感。当代的服装廓型多以字母命名：A 型、H 型、Y 型、X 型、S 型、O 型等。它们是依据人体的体型而形成的服装的造型，是自然美基础上的人工美。服装的廓型也会受到流行因素的影响，并且是流行趋势预测的一部分，反映了一定时期的流行美（图 3-31）。当代设计师往往还通过服装廓型传递着一定的设计理念（图 3-32、图 3-33）。

◀ 图 3-31

以字母命名的服装廓型

◀ 图 3-32

背影

作者：维克多 & 罗尔夫。在白色西服套装的背部加了一个大于身体一圈的黑色"背景"，这个背景在模特四周形成了一个新的廓型线。

◀ 图 3-33

圆

作者：三宅一生 (Issey Miyake)，1992 年，在由服装塑造的"圆"廓型中，整个人体上半身消失在其中。

③非传统审美观下的服装塑型：当代多元化的设计思想以及各类艺术设计理念，对服装设计的冲击，使得服装美与人体美的关系出现了新的表达方式——服装既不是隐藏人体美也不是展示人体美、塑造人体美，而是改变正常人体美，甚至是带有破坏性，与人体自然形态美背道而驰的"丑化"人体美。这种设计理念冲破了长期以来人们建立的服装美与人体美之间的审美标准，同时也破坏了人体自然美的审美标准。

对人体美的原有概念和常规人体美审美取向进行挑战最为大胆的该是日本设计师川久保玲（Rei Kawakubo）。她是一位富于挑战传统的设计师，对于人体美的挑战是她的代表作。在她的代表作品中，通过在服装内部加入夸张的衬垫用以改变人体的自然形状，如背部、肩胛骨、臀部等，这些服装看起来怪诞而比例失调，甚至是畸形。实质上，驼背、鸡胸这样的畸形体型正是她表现的主题。这样的服装穿起来好像《巴黎圣母院》里驼背的敲钟人，丑陋而古怪。这种故意歪曲、扭曲女性体型美的服装是对追求完美女性体型的批判，也是对历史上那些 X 型、S 型服装的一个极大的排斥和嘲弄。川久保玲认为，许多设计师是用男性的审美观点看待女性服装的，似乎展示女性美是服装唯一的功能，也是女性取悦于男性重要方式。而她做的正是故意淡化性别意识，甚至丑化它们，她认为时装设计是可以不显示或突出女性的身体，女性也不必用身体去吸引男性，她的服装显示出的是性别中立。川久保玲的设计理念是：女强人吸引男人的是思想而不是她们的身体。

川久保玲在 1997 年春夏时装秀中发布了名为"当身体遇到了时装，当时装遇到了身体"的作品（图 3-34）。通过在服装内部添加衬垫、羽毛等填充物，改变人体体型，使穿着者看上去比例失调甚至是营造一种畸形的人体体型，这是服装对身体的"破坏"

◀ 图 3-34

当身体遇到了服装，当服装遇到了身体

还是身体对服装的"迎合"？无论怎样，这种"反女性体型"美的服装造型除了说明设计师的大胆前卫还说明了她的自信。

如果说上述作品的理念是通过服装改变身体美，那么还有直接改变身体美去创造新的服装造型这样更大胆的理念。雷夫·鲍维利（Leigh Bowery）是一位澳大利亚设计师和行为艺术家，在他的作品中完全无视人们常规的人体审美趣味，他不断用自己的身体廓型做实验，通过加入衬垫、强力棉质胶带等方式来达到身体的扩张和收缩，他甚至用强力胶带压缩肌肉，暂时性的改变身体体型。鲍维利的理念是将身体进行改造，然后去穿适合于改造后的身体体型的各种服装。他总是在变换自己的身体体型，他的身体可以创造无限多的造型（图3-35）。

▲ 图 3-35

改变人体适应服装

作者：雷夫·鲍维利。

▲深入思考

在服装塑造人体美中，西方服装史上的 X 型、S 型都是通过服装刻意夸大女性性别特征，而当代有些设计师则是通过服装刻意淡化，甚至丑化女性特征（如川久保玲作品），分析两种不同服装审美观念的原因。

图 3-36 是荷兰设计师组合维克多 & 罗尔夫在 1999—2000 年秋冬高级女装系列中的名为"第一个到第八个和最后一个的准备"的服装。灵感来源于俄罗斯古老的民间玩具——俄罗斯套娃。他们请到了当时美国名模麦琪·瑞兹（Maggie Rizer）为整场时装秀上唯一的模特儿。麦琪·瑞兹成为真人版的"俄罗斯娃娃"，站在小小的旋转舞台上，任由设计师依序从最贴身的衣服开始穿起，直至将整个系列的 9 套服装穿在她的身上。这个系列展示了服装美与人体美的关系，这些衣服，一件穿在另一件上面，随着服装层数的增加，人体美被淹没在服装美中。

在服装美与人体美的关系中，隐藏人体美的服装通过服装掩盖体型，使服装美大于人体美；彰显人体美的服装通过服装显露体型，使服装美衬托人体美；塑造人体美

的服装通过服装的作用强调人体美，并在人体美的基础上呈现"服装人体"美。实质上，无论服装美与人体美的哪种关系，都是人们审美思想的体现，而这种审美思想既有普遍性又有特殊性，既有历史性又有时代性。

◀ 图 3-36

俄罗斯套娃

作者：维克多 & 罗尔夫，1999 年。

第二节 | 服装美与性别

　　男女两性服装在各自不同的领域里有着不同的审美表达，它们既有差异又有共性。尽管服装的文化象征会随着时代、时尚而变化，但是服装作为性别标识的信息却保持不变。男人要穿的像个"男人样"，女人要穿的像个"女人样"。这里的"男人样""女人样"是由服装所塑造的性别差异，它是文化意义上的性别标识，也是服装性别标识的基本准则。这个准则从一个人出生就体现出来了。婴儿的性别通常不能一眼看出来，于是用各种颜色、款式的衣服使他们看上去各有差别，由此向世人宣告他们性别。如粉红色适合女孩子穿着，蓝色适合男孩子穿着。"服装性别标识"与"男性""女性"这种生理上的、自然意义的性别差异既有联系又有所不同。人们用服装定义性别，用服装美体现性别美。从古至今，人们对两性性别差异的服装审美各有不同，但无不反映了当时的社会文化。

一、历史上的衣着和性别

无论东方西方，在服装早期的发展过程中，服装上的性别差异均较小，男、女服装常常通用，服装并不是性别区分的主要标志。由于生产力低下，古代服装构成单纯、朴素，并且种类很少。这些服装多为宽松式，几乎不需要裁剪和缝纫，只需要用一块长方形的布，在身上围裹。图3-37是古代苏美人男、女两性服装，可以看出性别差异并没有明显体现。

中世纪（公元5世纪—公元15世纪）的欧洲是受基督教思想和文化控制时期。在基督教的教训中，身体引诱是人们与神疏远的罪魁祸首，所以应当抑制对身体的欲望。当时的教会企图通过服装来压制女性性别意识，为了达到这一目的，他们发明了一套劝解人们在服装上要谦逊、纯洁的话语，要求女性着装简朴并用服装将身体深深的掩盖起来。任何华丽的装饰品和裸露的穿着行为都被教会所不容。如果女性穿着"不庄重"，就会被认为是不检点，而成为宗教和道德上的惩治焦点，甚至会被判罪。从中世纪的雕塑和绘画作品中可以看出，这一时期的服装无论男、女都是宽松的长袍，服装的性别差异由于受宗教思想的制约，不是用服装体现性别差异而是用服装淡化性别差异、掩盖性别差异（图3-38）。

近世纪（15世纪中叶—18世纪末）在文艺复

▲ 图3-37

苏美尔人永恒的祈祷

群雕局部，公元前3500—公元前2500年。

▲ 图3-38

欧洲中世纪服装

15世纪男、女服装共同穿用的长袍，性别区分不是服装的主要表现的重点。

兴人文思想的影响下，对人的美好歌颂也体现在了服装上。此时，服装上的性别差异日甚一日的体现出来，为了体现男子汉气概和男性的权威，男子服装通过在肩部、胸部加入填充物，使上半身变得硕大，下半身穿着紧贴肉体的长筒袜一样的裤子，以此来表现男子的性感特征。女性则以上半身胸口的袒露和紧身胸衣的使用，与下半身膨大的裙子形成对比，表现女性胸、腰、臀三位一体的女性特有的性感特征。这种通过服装刻意夸大性别特征的审美意识愈演愈烈，最后终于走向极端，女性的裙摆无限的扩大，紧身胸衣也越来越紧，女性特征被服装刻意放大出来（图3-39）。

▲ 图3-39

文艺复兴时期男女服装

男、女服装性别差异开始彰显，女性服装用细腰、大裙摆显示女性气质，男性服装则是上半身宽大，下半身紧身的倒三角形造型。

19世纪，由于工业革命的爆发以及资本主义社会的发展，男性开始从事近代工业、商业领域里的社会活动，生活场所和生活方式都发生了极大的改变。在封建社会时期男性穿着的象征权威的、夸张的，甚至装饰过剩的服装已经不合时代的需求，衣服上的过多装饰和详尽的细部表现开始让位于"自然"的着装效果。男装开始摒弃那些不切合实际的装饰而追求功能性、舒适性、活动性，并逐步形成了男装的设计模式，直到19世纪中叶男装的发展一直遵循着固有的模式，变化不明显。由于男女性别的社会分工、社会地位的差异以及传统观念的束缚，女性服装审美始终不能摆脱夸大的性别意识展示。束缚肉体的紧身胸衣、裙子、各种装饰品充斥着女装，使女装依然是束缚四肢活动的传统"重装"（图3-40）。直至20世纪，特别是两次世界大战改变了人们的传统观念，战争中女性也被迫走出家门，投身各种社会活动中。服装的单纯、便于活动等实用因素受到了女性的青睐，女装开始向实用性、功能性方向发展。

▲ 图 3-40

18 世纪男女服装

18 世纪男女服装性别差异更加突出，女装以烦琐的装饰显示女性美，男装则开始追求简洁、实用的着装风格。

以上虽然通过西方服装发展历程来审视服装性别差异标识的变化，但不乏具有一定的普遍性。可以看到，在服装美的性别标识发展过程中经历了由不显示性别差异到夸大性别差异直至自然体现性别差异。这样的转换不仅反映了人们审美观念的变化，还体现了社会的变革。

二、两性服装审美特点

（一）服装性别审美在不同文化圈有不同的体现

服装在造就男性气质和女性气质的过程中起着至关重要的作用，它将自然意义的性别差异赋予了种种文化含义。实质上，一件服装与男子汉气概、女性气质这些概念并不存在天然的联系，两者之间的联系是文化观念所赋予的。因此，在不同的文化之间，服装所体现的男性和女性的特征也是千差万别的。例如，裤子与裙子，长期以来裤子与裙子成为男女两性重要的着装区别，以至于在许多公共场合用裙子和裤子作为性别提示。20 世纪之前，在西方长裤一直是和男性联系在一起的，女性要是穿着它就会被视为不雅观，尤其是在中世纪，当时非常重视女性腿部的风俗，女性只能穿长裙或长袍。然而在中东和其他一些地区，许多世纪以来女性一直穿着裤子。尽管在普遍意义上裙子一直传递着女性的信息，然而在东南亚、南亚一带国家，男性至今依然穿着名叫纱笼❶的筒裙（图 3-41）。

▲ 图 3-41

穿纱笼的斯里兰卡男子

关于裤子与裙子的审美性别标识差异也体现在不同的社会阶层中。以欧洲 19 世纪男女着装为例，当时资产阶级有声望的人物中表现出一种非常明显的性别差异：女性穿着膨大的裙子，上面堆砌各种装饰，男性则穿着长裤和礼服。然而这种类似的情景并没有原封不动地体现在欧洲 19 世纪的产业工人阶级中。对于工人阶级的女性来说，她们需要跟男性一样从事体力劳动，因此，她们穿长裤和工作服，这些与男性差不多的服装更有利于劳作。这种装扮与当时上流社会贵妇的着装形成了鲜明的对比。对于上流社会的女性来说，穿长裤是不可思议的事情。如若穿长裤，腿部的线条就会被勾勒出来，这会被认为是不道德和放肆的行为，然而长裤在 19 世纪工人阶级女性中却是司空见惯的，尤其对于一些干着又脏又累的工作的女性来说更是如此，因为穿裙子妨碍工作。

因此，自然意义上的性别差异与服装塑造的文化意义上的性别差异并非存在天然的联系，而是人们在长期的社会生活中形成而固定下来。由服装塑造的性别审美差异在不同的文化圈有不同的认同和表现，但有一点是相同的，就是人们可以通过服装夸大或者消减自然意义上的性别差异。

（二）服装性别审美有时也会互换

两性服装有着各自不同的风格和语言，在穿着上人们恪守这样的性别准则，以使男人看上去像个男人，女人看上去像个女人。然而，当男女两性跨过性别界限又是如何呢？

---

❶　纱笼，一种服装，类似筒裙，由一块长方形的布系于腰间。纱笼盛行于东南亚、南亚、阿拉伯半岛、东非等地区。狭义的纱笼仅指马来人所着的下裳，在缅甸等地，称作"笼基"。

1. 女性穿男装

当女性能够堂而皇之的穿着男装时，需要两个条件：一是社会的接受与认可，二是女性自身的心理变化。

首先，社会风气的开放促使女性有更多的穿着自由，从而可以选择穿用男性服装来淡化服装性别意识，以此增添女性的威武之气。我国历史上，唐代就出现了女子穿着男装的服装审美风尚，这是唐代社会开放、民主、进步的反应，也是受外来文化影响所致，当时的女性常常把男性的服装直接搬来穿在身上（图3-42）。

▲ 图3-42

《虢国夫人游春图》局部图

作者：张萱，唐代。虢国夫人身着唐代男性穿用的圆领袍服，飒爽英姿。

其次，女性社会角色的变更，也会促使女装向男性化靠拢。当社会重大变革时，女性也会将男性的专用服装"借"来穿用。第二次世界大战期间，由于战争的需要美国有四万多名女性参军，她们有的成为女兵，有的服务于军队，为了适应战场和战争期间生活的需要，妇女们的裙长缩短了，烦琐的装饰也不见了，女性开始穿着男性化风格的服装。图3-43是第二次世界大战期间美国女性的着装，从服装上反映了女性从事几乎和男性一样的工作。

▲ 图3-43

第二次世界大战期间的美国女性服装

左图是1942年拍摄的美国女性在阿伯丁兵器试验场检修军备。右图是1943年拍摄的一个美国女工正在将铆钉钉进飞机，而另一名妇女则坐驾驶舱。第二次世界大战期间，参加工业支援战争的女工被称为"铆工露斯"。

军装似乎是男性服装的专有名词，但是对于参军的女性来说军装则成为主要着装。这些穿着军装的女性，性别特征被掩盖在服饰之下，她们自身的"性别意识感"也因环境和生活而淡化下来。同男军装一样，女士军装也有着严格的规范，它不仅体现了女军人的面貌，还潜在的说明女军人同男军人一样（图3-44）。

20世纪80年代是西方国家"女权主义"运动的高峰，女权主义者们高呼男女平等，要取得和男性一样的诸多权利。当时的女性不仅像男性一样出入职场，而且还争取和男性一样的各种平等机会，就连外观形象也向男性靠拢，她们像男性一样投入到健身、健美运动中，以此练就一身强健的体态，而过去那种丰臀细腰的女性体态在她们看来已经"过时"（图3-45）。无论出于什么动机，当女性以男性风格着装示人的时候，人们接受的不仅是外观的形象还需要接受的是社会角色的变化。

2. 中性化风格

女装的男性化引发了中性风格时尚。中性风格服装以淡化女性性别特征，强调干练洒脱的阳刚之气为特点，它常将男装中的设计元素"搬"到女装中，刻意消除服装性别审美差异，中性风格服装也是女装设计中一个经久不衰的设计主题（图3-46）。

实际上在20世纪20年代就出现了用服装刻意削弱了女性胸部、腰部曲线，外表像细长管子一样的服装造型。女性留短发，穿

▲ 图3-44

第二次世界大战时期女军装及套装

左图是第二次世界大战期间，英国女性志愿者参加空袭预防军团（Air Raid Precaution，ARP）所穿的制服。右图这套夹克式装是1942年以军队制服为灵感的设计，这套装即干练又方便。

▲ 图3-45

20世纪80年代女性健身

▲ 图 3-46

20 世纪 70 年代中性风格女装

直筒裙，这种造型风格犹如没有长大的男孩，因此被那个时代称为"孩子气"或者"男孩子气"风格，对于当时的女性来说，这种朝气而又半男性化的着装风格更具吸引力，它体现更多的是青春（图 3-47）。

当代，这种打破男女界限的服装风格，深得一些女性的喜爱。实质上，有些服装款式本身就具有中性化的潜在语境，例如，运动装或者运动型外观的服装、牛仔装等。不仅如此，在职业女装中"中性化风格"也常被设计师运用。1968 年，美国设计师卡尔文·克莱恩（Calvin Klein）推出了中性化的服装品牌 CK，将中性化风格服装推向市场，CK 也成为中性风格休闲服装品牌的代表（图 3-48）。

▲ 图 3-47

20 世纪 20 年代中性风格服装

这种服装款式是当时的网球服，服装造型简洁，配上齐耳的短发，男性风格十足。

▲ 图 3-48

中性化风格女装

作者：卡尔文·克莱恩，2014 年。

中性化风格服装抛弃了女装的传统审美观念，将男性审美中的阳刚之气引入女性服装审美中，与男性化女装审美中机械的照搬男性服装或者直接穿着男装不同的是，中性化风格服装表达的是雌雄同体，男女共性的服装审美观念。

3. 男性穿女装

对于女性穿男装，人们给予的评价至多是"女强人"，但是在男性方面就不同了，如果男性穿着女性气质的服装，如花衬衣、鲜艳色彩的服装都会受到异议甚至冒着被人嘲笑的风险。显然，人们对男装的性别互换的接受程度远远小于女装的性别互换。这是因为，由服装界定的性别差异，有的已经根深蒂固于人们心目中，因此，服装上的换位会导致社会角色区分的换位。有些服装和装饰已经成为性别标识的代名词，如领带和蝴蝶结。如果男性穿着女性化的服装诸如花衬衣、蝴蝶结等，会使人联想到社会角色的换位，从而削弱了男子汉气概，甚至带有浓厚的讽刺意味（图3-49）。

然而历史上，男装也曾经与女装一样争奇斗艳，甚至比女装还要华丽，而且在当时竟成为一种风尚。欧洲17世纪巴洛克时期的男装，出现了华丽烦琐的服装审美现象。男装上布满了各种女装常用的装饰手法（缎带、蕾丝、刺绣等），男性留着长而卷曲的头发，并且还盛行各种夸张的假发，就连鞋子、袜子上也有各色"蝴蝶结"在飞舞。可以说，当时的男性几乎比女性还要注重外观形象的包装，男装中的"孔雀效应"是这一时期男装的典型审美特征（图3-50）。

▲ 图 3-49

穿裙子的男性带有强烈的讽刺意义

题为"什么是罩袍——当时尚遇到身体政策"的时尚杂志封面，刻意让男性穿着短而"漂亮"的裙子。

▲ 图 3-50

欧洲 17 世纪男装

高耸的卷发、有花边修饰的白色丝质衬衣、刺绣精美的外套、紧裹腿部的长筒袜，比女性服装还花俏。

造成这种男装审美现象的主要原因是，在以男权为中心的社会中，王公贵族们过着穷奢极欲的生活，追求豪华、讲究排场成为他们表现社会地位和政治需求的手段，服装方面自然也要相应的体现出这一要求。因此，17世纪的男装出现了男装史上的"女装效应"。然而这种"女装效应"并非要体现的是女性性别特质，而是通过奢华的服装来完成权贵地位和拥有财富的标识。当代社会，由于个人形象在社会生活以及职业竞争中不断的显示着它的重要性，因此，男性服装也开始丰富起来。许多设计师尝试在男装设计中加入女装的设计元素或从女装中借鉴一些元素，以此丰富男装的设计语言（图3-51）。

▲ 图3-51

新英伦绅士

作者：巴布瑞（Burberry），2016年。将完全女性化的蕾丝设计运用到男装单品中，女装元素在男装设计中强势注入，为男装女性化做了一个大胆的尝试。

（三）服装性别审美中男装重功能、女装重装饰

　　女装自从诞生之日起就和装饰有着不解之缘。女装美感离不开各种装饰品、装饰技巧的使用。刺绣、手绘、编织、绳结、平面的、立体的，从华美的礼服到舒适的家居服，装饰的迹象随处可见。女性们也在服装上不断创造着各种新的装饰手法，这些装饰有的在服装上并不承载什么实用意义，只是单纯视觉上的美感。有时为了这种美甚至以牺牲舒适度和功能性为代价，其主要原因是男女两性的社会分工影响了她们对着装的态度和兴趣。历史上，女性的角色主要在家庭生活中，如何使自己看上去更具有魅力，吸引男性的注目，是非常重要的。因此，女性比男性更加关注服装，而且这

种通过服装修饰装扮自己，不仅是吸引异性的目光还有来自于同性之间的竞争。图 3-52 是女装中的各种装饰技法。

▲ 图 3-52

女装中的各种装饰

　　而男装则恰恰相反，自 19 世纪以来，男装逐渐摒弃了种种华丽、骄奢、装饰烦琐的风格。当男装完成近代化革命后，一直沿着简洁、重功能的方向发展，装饰对于男装来说只是一个"节外生枝"。男装注重的是实用，只有带装饰的实用，不要不实用的装饰。由此可见男装重功能，女装重审美。图 3-53 ~ 图 3-55 是具有代表性的男装种类，它们无不体现了男装的功能性。社会分工的不同导致了服装性别审美的不同。通常来说，女性着衣的目的是希望使她们看起来更具有魅力，男性着衣的目的则是借此加强他们的社会地位。男装设计更加看重的是功利意识，因此对于那些只求视觉形象感的装饰，男装基本上是毫无"兴趣"的。

◀ 图 3-53

骑兵夹克

20 世纪 30 年代瑞典军队的骑兵夹克。它主要是为保护骑手和文档而设计。使用耐磨的山羊皮，领部的金属扣襟使领口紧紧关闭，很保暖。胸前大型文档口袋是存放文档用的。

◀ 图 3-54

20 世纪 50 年代英国皇家空军制服

这是为适应飞行员的操作而设计的制服。袖子上有笔袋，领口上很大的木头纽扣是为了方便戴手套时穿用的。衣服后片有一块长出来的半圆形的海狸皮，其下部顺延一块三角的裆布，穿的时候把它和前片固定，这样为的是更保暖。而且在背包的时候也更容易些。

◀ 图 3-55

经典的巴布瑞风衣

结合军装阳刚设计，颈部扣环，具有防风功能；D 型环，承袭第一次世界大战的军装设计，原为装置手榴弹；背部防风片，兼具防水与修饰身材的功能；肩章，原用来系紧双筒望远镜、水壶，或防止军装背囊从肩上滑落，让肩颈更挺立。

（四）服装性别审美中男装趋于稳定，女装丰富多变

男女两性服装审美的另一个差别就是对于时尚的追随。"时尚""流行""潮流"可以说是女装的代名词。女装总是千变万化，我们没有办法用具体的数字去统计女装到底有多少款式和造型，只能说不计其数！繁多善变的女装既受流行因素影响同时也是流行的生命力所在。女性、女装和时尚之间有着很强的联系。女性不断更换她们的服装款式以满足自身对服装审美的渴望以及来自异性的审美需求。审美求新、求异是女装追求的目标，尽管这些都需要投入很大的精力和时间，但是，她们可以做到这些。历史上，女性总是与针线活联系在一起的，针线活曾经被认为是女红，男性是不适合干的，女红也是作为女性成为称职妻子的必要本领。女性不断的创造服装新款式，这既是生活的需要也是女性性别意识的张扬。尽管现代社会，女性们已走出家门步入职场，但女装的审美模式早已"牢不可破"，加之现代化的服装加工模式更加推动和加速了服装的生产与流行周期，使女装处于潮流变化中。

从近现代男装的发展历史来看，它与女装相反，在丰富多变的女装衬托之下，男装相对而言造型稳定，长期以来形成了固定的穿着模式和种类。男装庄重、重内涵，在视觉和心理上追求平衡。男装具有程式化的特点，受潮流和时尚的影响相对较小。男装的稳定性和自律性是一种心理上的稳定，男装不擅于变化，具有严谨性和稳固性。图3-56是19世纪末至20世纪中期，一百多年男装的款式图，不难看出，造型稳固、稳定是男装追求的审美特点。

（a）1890年晨装：斜摆西服、马甲、灰色条纹裤子。

（b）1908年，日装：西装搭配灰色背心，圆顶硬礼帽，手杖。

（c）30年代的三件套：马甲、花呢夹克、灯笼裤。

（d）1931年细条纹双排扣西装、礼帽。

（e）1940年，三粒扣西装，宽腿裤子。

（f）40 年代棕褐色上衣和灰色裤子内穿毛衣。

（g）1954 年，"泰迪"男孩穿着长外套、水管似的裤子、打领结。

（h）1963 年，双排扣装皮尔卡丹西装，礼帽。

（i）1968 年，条纹灯芯绒双排扣套装，黑色高领毛衣。

（j）1973 年，拉链夹克，小喇叭裤。

▲ 图 3-56

19 世纪末至 20 世纪中期男装的变迁

在美学中有两种截然相反的审美范畴，它们可体现在服装美与性别美中。

▲ 美学链接

优美与壮美

在美学中，按照不同审美特征，从人类的审美感受上对美的对象进行分类，可分为"优美"和"壮美"两大类。在一些美学著作中，把这种分类称为美的范畴分类。

优美是美的一种常见的形态，并以形式上的和谐统一为特征，所以在不十分严格的意义上，人们总是把美和优美相提并论。优美是一种偏于静态、偏于柔性的美。我国著名美学家朱光潜先生就在他的《谈美书简》一书中就称优美为"秀美"。他这样说"春风微雨，娇莺嫩柳、小溪曲涧，荷塘之类自然景物和赵孟頫的字画，《花间集》《红楼梦》里的林黛玉，《春江花月夜》乐曲之类文艺作品都令人想起秀美之感"。在中国文学理论、绘画理论中，往往把优美称作"阴柔之美"。

壮美与优美相比，壮美是由于量的庞大或质的集中，所产生的一种亢奋而又强烈的美。那些被人们称为雄浑、苍茫、庄严、奇丽等的事物，那些常常使人感到惊心动魄，引起豪迈之情和敬畏之感的事物，在美学中一般称之为"壮美"。

如果我们把雾霭空濛、静影沉碧的湖光山色比作优美的话，那么，气势磅礴、高耸突兀的崇山峻岭，就属于壮美的对象。如果说，优美体现的是一种阴柔之美，那么壮美也可以理解为阳刚之美。在艺术宝库中，古希腊的《维纳斯》雕像，以它那和谐健美的体态展现了女性的优美，即阴柔之美，而《拉奥孔》群雕以惊心动魄的形象体现了壮美，即阳刚之美（图3-57）。

▲ 图 3-57

《米洛的维纳斯》与《拉奥孔群像雕塑》

分别展现了美学审美范畴中的"优美"与"壮美"。

当我们将"优美"与"壮美"这对美学中的审美范畴用于审视两性服装美时，不免也会找到通感。即女性服装总是以"优美"的形象为人们所接受的：柔软的纱、丝、绢面料，飘逸的荷叶边、轻盈的裙摆、玲珑的腰身……这些女性服装特有的设计语言无不体现了"优美"的审美范畴。在男装中无论是夹克、军装、皮靴这些服装种类还是肩襻、口袋、拉链这些服装设计细节，无不展现了阳刚之美，或许我们也可以说这是一种与女性服装的"优美"相对的"壮美"。

本章小结

● 从服装美对人体美的展示方面来看，有三种方式：隐藏人体美、彰显人体美、塑造人体美。

● 隐藏人体美服装主要体现在文化观念、宗教思想、民族服装中；彰显人体美服装主要体现在显露人体体型和裸露自然肌肤方面；塑造人体美服装主要体现在夸张身体部位和塑造体型方面。

● 服装美的性别标识经历了由不显示性别差异到夸大性别差异直至自然体现性别差异。这样的转换是不同历史时期、不同的社会文化背景下人们审美观念的体现。

● 由服装塑造的性别审美差异在不同的文化圈有不同的认同和表现，但总的来说，在两性性别审美中男装重功能、女装重装饰。

美学问题回顾

优美与壮美。

思考题

1. 服装美是怎样体现人体美的？

2. 男女两性的性别差异是怎样通过服装体现出来？以及两性服装审美特点。

理论
应用

对服装美的鉴赏
也是一次美的体验

课题名称： 服装美感

课题内容： 1. 服装美感的产生与传播

2. 服装美感的特征

3. 服装审美趣味

课题时间： 8课时

教学目的： 1. 了解什么是美感、服装美感，以及服装美感是如何产生和传播的。

2. 了解服装美感的共同性和差异性。

3. 了解服装审美趣味。

教学重点： 1. 服装美感产生中的移情说、心理距离说。

2. 自然美服装审美趣味、人工美服装审美趣味、怀旧服装审美趣味。

教学要求： 1. 教学方法——以讲授法为主配合图片演示。

2. 问题互动——以课堂讨论的形式选取课程重点内容与学生进行问题互动，并进行总结。

第四章 服装美感

导语：在审美活动中，没有审美对象固然不会产生美感，但是有了审美对象，审美主体没有感受到它，也无法产生美感。因此，服装审美活动是客观的服装之美和主观人的服装审美感受的统一。我们创造了服装美，就要感知到它的美，这种感知的产生就是对服装的鉴赏，而这种鉴赏也并非人人都会达成共识。

第一节 │ 服装美感的产生与传播

服装美是把服装作为审美对象来看待的，服装美感则是人对服装美的感受，即作为审美主体的人，是怎样在审美实践中认识、感受、欣赏服装美的呢？以及这样的审美感受如何产生的呢？这里的审美感受就是美感。

▲ 美学链接

美 感

美感是人们接触到美的事物时，所引起的感动，是一种赏心悦目和怡情的心理状态，是对美的认识、欣赏和评价。在西方美学史上，美感又称为审美鉴赏、审美判断或者称为趣味判断。在中国美学史上把人与事物的这种审美关系称为"观照"。美感的产生始终不能脱离具体而感性的形象，而又暗含着理性认识，这种认识形式带有明显的情感愉悦的特征。"美感"这个概念的内涵，在一些美学书上也常常用其他一些概念来表述：审美经验、审美感受、审美意识、审美情感等，这些概念各有侧重的不同。

服装美感是人们对服装美的认识、欣赏和评价以及由此带给人们赏心悦目的体验。服装美感也可称为服装鉴赏。"这件衣服真漂亮"就是生活中最简单的服装鉴赏。与艺术鉴赏不同的是，服装鉴赏是每个人都在经意或不经意间做着的一件事，你总会选择一件适合自己的服装穿着吧！服装鉴赏往往就是穿在自己身上的一件衣服。因此，服装的欣赏者和被欣赏者往往合二为一。正因如此，服装美感与其他艺术美感相比更加生动。

一、服装美感的产生

服装美感的产生包括客观条件和主观条件两方面。一方面需有客观的审美对象

（服装美）的存在为前提；另一方面要有审美主体（人）对美的感知。服装美感是人们对服装美的一种能动的认识与反映，它的产生离不开人的生理因素和心理因素的作用。

（一）服装美感产生的生理基础

美感产生的生理基础是感官和大脑。美的事物要想被认识到、感受到，首先以它的感性形象：线条、造型、色彩、声音、状貌等表象呈现出来，然后被感官所感受到，进而传递到大脑，并得到情感的体验引起美感。因此，感官是我们认识美的第一步。在人的感官中作为审美感官的主要是视觉，服装的造型、色彩、图案等都要通过视觉使人们感受到的，所以，视觉是人们感知服装美的第一步。在服装美的王国中，有一个永恒的、至高无上的法则就是视觉上的舒适感。视觉舒适感首先建立在视觉吸引方面，一般来说，色彩、图案鲜艳、突出的服装总会最先吸引人们的视觉注意（图4-1）。但这只是第一步，服装上的视觉舒适感还要满足形式美法则、艺术设计规律等。因此，"吸引眼球"的服装并不等于"好看"，美感也不等于新奇感。

相对而言，听觉效果在服装审美中起到的作用是有限的。服装中的听觉感应主要产生于服装与身体接触、摩擦时所发出的声音。如丝绸在摩擦时会发出被称为"丝鸣"的声响效果。有时候，这种声音也来自于服装上的装饰物。在一些艺术服装中，有些艺术效果正是通过听觉达到的（图4-2）。

视觉和听觉虽然是服装美感产生的主要感官，但还需要其他感官的配合。服装毕竟是穿在身上的。因此，机体感是仅次于视觉感与听觉感的第二要素。机体感又称触摸感。它是服装与身体接触时的生理感受。包括服装面料的舒适感和服装造型的

▲ 图4-1

服装美感的视觉效果

鲜艳、醒目的服装色彩和图案使服装具有强烈的视觉冲击力，是获得美感的第一步。

适体度等。

　　舒适感属于生理快感，"这件衣服穿得很舒服"与"这件衣服真美"是两个概念。穿的舒服并不等于穿着好看，而穿得好看也未必就穿的舒服。对于大多数日常服装来说，也就是我们所说的现实美的服装的评判，总是离不开穿着的舒适度。因此，诸如服装面料的柔软度、硬挺感、光滑、粗糙以及服装的宽松、紧身等这些机体感觉可以辅助并影响美感的产生。

▲ 图4-2

服装美感的听觉效果

印度舞蹈服饰中配饰不仅点缀服装，还会随着演员的动作发出音响，成为舞蹈表现的一部分。

　　实质上，人类的感觉远不止这些，还有诸如体温感、疼痛感、方向感……这些都是生活中能感知到的感觉。生理感受是一种很隐蔽的个人感受，但是生理感受却会影响到服装美感的判断。

◤ 美学链接

快　感

　　快感，是指人在生理上的舒适之感。外界刺激通过视、听、味、嗅、触等感觉传入大脑皮层，引起人体舒适惬意的感受，这是生理快感。这种生理快感是美感的初级阶段，是美感生理基础的伴随者。美感包括快感，但不等于快感，是快感的升华。美感与快感之间有明显的界线，两者的区别主要表现为：引起美感的感官与引起快感的感官不同；审美主体在获得美感和获得快感时，主体注意力的焦点不同；美感产生时，主体并不占有对象，快感获得时，常以主体占有对象为前提。

对于现实美的服装来说，由于它直接与我们"肌肤相亲"，因此生理快感对美感的产生有一定的影响，穿着不舒服的服装会使它的美感降低。

在感觉的基础上，对事物外部的各种属性经过大脑的加工形成完整的形象就是美感中的知觉。例如，我们看到一朵红色的玫瑰花，不仅看到它的颜色，而且看到它的花瓣的形状、排列等，从而形成对红玫瑰的整体印象的知觉。审美知觉是将视觉、听觉、触觉等综合起来的审美感受。在服装美感中，通过服装的色彩、廓型、服装材料、服装图案等的认识形成综合的整体印象，这就是服装美感的知觉。

（二）服装美感产生的心理因素

服装美感产生的心理因素是美感的高级阶段，也是一种复杂的审美体验。如情感、理解、心态，它们在服装美感的产生中发挥着重要的作用。

1.情感

在美感的产生过程中，情感是重要的构成要素，没有美的感受与感动，则不称其为美感。情感作为一种心理因素，在审美、艺术创作和艺术欣赏活动中的重要地位和作用，是人们普遍都承认和重视的。在整个审美过程中，情感活动是最为活跃的因素，它常常影响了人们对事物的审美判断，并且当审美主体对审美对象倾注于情感时，也为美感的产生奠定了心理基础。艺术是生活的积淀与提炼，人们对艺术的情感包含着对生活的热爱。这就是我们在欣赏艺术作品时，很多艺术作品歌颂对象的外在形象并非完美，但我们却依然被感动。图4-3是德国画家丢勒（Dürer）创作的素描作品《母亲》，画面上是一个消瘦苍老的老人，但是在画家饱含真情的创作中我们看到的是母爱。

所以说，在艺术审美中有情感因素，那么服装审美中也有情感因素吗？回答是肯定的。服装不仅是生活的必需品同时还"记录"了人们生活中的点点滴滴。因此，对于服装美感来说，除了外在形式美对人们的吸引，还有隐藏在背后、超越形式之上的情感体验。作为现实美中的服装，是一件不折不扣的实用品与日用品。正因如此，它离不开生活也离不开生活中的琐屑事物，服装的情感也正是缘此

▲ 图4-3

《母亲》

作者：丢勒。

而来。如果说，人们在欣赏艺术作品时直接被艺术作品之美激发了情感而获得美的享受，那么服装中情感体验就是间接的事物情感转移了。

▲ **美学链接**

移情说

"移情说"是西方近现代美学史上关于审美心理研究影响最大的流派之一。最先提出"移情"概念的是德国的罗伯特·费舍尔（Robert Vischer），而把移情说发展成一个系统的美学理论的则是德国美学家、心理学家立普斯（Lipps）。

移情说认为，审美活动的实质是主体将自己的情感转嫁于客体上或者说将自己的情感移入审美对象中，从而对审美对象产生美感，也叫感情误置说。在移情的过程中人自己也受到对事物的这种错觉的影响，多少和事物发生同情和共鸣。立普斯还指出，移情作用所指的不是一种身体感觉，而是把自己"感"到审美对象里面去。美学家朱光潜先生曾以欣赏自然为例说明移情作用。大地山河、风云星斗原来都是死板的事物，我们却觉得它们有生命、有情感、有动作，这就是移情的作用。例如，云何尝能飞？泉何尝能跃？我们却常说云飞泉跃；山何尝能鸣？谷何尝能应？我们却常说山鸣谷应。这就是把我们的情感移入或者输入到云、山之中，使云、山也感受到我们的情感，达到主客默契、物我同一的境界。

在服装审美以及服装设计中，也同样存在移情作用。人们把思想情感施加到服装上去，服装因而具有了人的情感而使鉴赏者获得了美的感受。在服装审美中，主体是如何将自己的情感转移到服装中呢？其桥梁就是爱屋及乌的心理效应。"爱人者，兼其屋上之乌"，虽然这种爱屋及乌的心理效应会影响到我们对事物的判断，但它作为一种心理活动的确存在着，在服装美感中亦有所体现。在服装美感中，由于某些人、事、物与服装有着某种关联，进而使审美主体把对这些人、事、物的情感转移到服装上，这就是服装审美移情中的"爱屋及乌"的心理效应。当然，这种情感的迁移有好感也有恶感。具体表现在如下几方面：

（1）服装审美移情中的"人情效应"：因对一个人有好感而对和这个人相关的事

物、人物同样产生好感的心理表现。服装审美移情中的"人情效应"不仅影响了美感的产生，而且还会影响人们对服装的喜好与追随。

▲ 图4-4

梅西签名的球衣

这种"人情效应"以对个人服装美感产生的影响和对群体服装美感产生的影响，两个层面体现出来。对于个人来讲，因为对某个人的喜爱或思念而将情感转嫁于与这个人有关的服装上，这样的服装不仅具有美感还具有"意义"。如印有著名球星梅西（Messi）名字和签名的普通球衣，在喜欢他的球迷眼中，这是最"美"的收藏品（图4-4）。

群体行为中的"人情效应"有时会导致群体对服装的追随甚至会影响服装销售。在当代商品营销策略中，"形象代言人"是商品宣传的手段之一，服装营销亦是如此。针对消费者的兴趣、喜好以及公司的设计理念，为服装品牌寻找一些适合品牌形象的"代言人"，并展开宣传活动，由此引导消费者把对代言人的喜好情感迁移到服装中，推动服装的销售，带动了品牌的发展。对于服装产品而言，由"代言人"直接穿着服装而展示服装形象则更加生动和具有说服力。

（2）服装审美移情中的"物情效应"：因对某物的偏爱而将此情感转嫁于服装审美中。

"物情效应"影响着人们的审美态度和服装美感的产生。例如，童装设计常用卡通形象进行点缀，这些卡通形象很多来自于孩子喜欢看的动漫，很多动漫卡通形象早已耳熟能详、深入童心，因此用它们做服装图案，不仅会提高设计情趣，更重要的是赢得童心。民族服装无论从色彩到图案，处处体现着物情效应，例如，生活在贵州省风光秀丽的都柳江和龙江上游的水族，他们依江而居，依河而聚，由于对水的喜爱，水族男女服装都体现出水的淡青色光辉，服装颜色多为青、蓝两色，不喜欢色彩鲜艳的服装，对浅淡素雅服装色彩的审美偏爱体现了靠水而居的民族对自然山水的移情。

（3）服装审美移情中的"事情效应"：因为某事而产生服装的情感转移。

在"事情效应"中，服装已经成为记录一段事件的"载体"，人们对服装的情感均来自于事件的经历。例如，一位得到警察帮助的老人会对警察制服产生好感；而一位被穿着白大褂的护士打过针的小朋友就会对"白大褂"产生恐惧心理；一些服装品牌公司利用"品牌故事"记录有关品牌创始的经历，带有传奇色彩。其实事情效应就是抓住人们这种审美心理，将服装品牌演绎成一个有内涵、有情节、有主题的故事，用"故事"抓住消费者的购买心理，对服装进行营销。毋庸置疑，"品牌故事"已成为品牌文化的载体并影响消费者对服装品牌的审美判断，隐藏在其背后的就是"事情效应"的服装审美心理。

▲深入思考

以上是"移情说"在服装现实美中的体现，那么对于服装艺术美来说是否也存在"移情"审美心理呢？

2.心态

由于心态的不同，人们对服装美的关注程度也不同，兴趣大小也不同。不同的审美心态也影响着服装美感的产生。

（1）"心理距离说"与服装审美中的"功利"与"超功利"：心理距离这种审美现象是完全超脱了人的实用功利目的，即人从生活的实用态度中超脱出来，客观地看待事物，有了这样的心理状态才能悠然自得的欣赏美。在服装审美中这种"心理距离说"体现在审美主体是否从实用角度去观照服装之美。

▲美学链接

心理距离说

瑞士心理学家、美学家布洛（Edward Bullongh，1880—1934年）提出了心理距离说。他用"心理距离"解释审美现象，提出了著名的"心理距离说"，其观念虽然是唯心的，但在现代西方美学史上却为人共知。所谓"距离说"简而言之就是"距离产生美"。布洛认为在审美过程中，审美主体与审美客体之间保持着一种恰如其分的距离时，这时审美对象对于审美主体才是美的。那么，这里的"距离"到底是怎样的距离呢？在这里引用布洛所举的航海中大雾的例子来说明：在大海中航行的船只遇到了海雾，对于船长、水手、乘客来说，海雾不但不美而且恐怖：海雾遮挡了航线，轮船在茫然和死寂中漂浮，不知彼岸，前途何在，是凶是吉，美感从何谈起呢？然而如果观者在岸上，那海天之间的茫茫大雾，海岸、礁石、灯塔，都在轻纱般的海雾中时隐时现，这种朦胧的美不是很令人陶醉吗？那么，为什么船上的船员和乘客与岸上的观者会有不同的审美感受呢？因为有了距离。这里所谓"有了距离"，不是说审美主体和海雾之间的距离有多远，哪怕海雾就在眼前，但是它和审美主体没有利害关系，那么就可以从容的欣赏它的美。这里的距离非空间距离，而是意识上的距离，因此称作"心理距离"。

同理，在服装审美中审美主体与服装之间也同样存在这种"心理距离"。在日常生活中，那些展示在T型台上、时装杂志、服装店橱窗中的服装，很容易使我们感到美和赏心悦目。因为，它们与我们始终保持着一定距离。而一旦我们考虑这些衣服能否穿在自己身上的时候，审美心态就会转变了，这时要考虑服装是否适合于审美主体的身材、肤色、发型呢？是否适合穿着环境的需要呢？如果适合就美，如果不适合就不美了。图4-5中这件由废弃报纸做的服装，旨在倡导环保。当我们单纯从其设计理念去欣赏时，会为材料的创意而叫好，但如果考虑将这样的一堆废报纸穿在身上时美感就会打个问号。

▲ 图4-5

环保服装

（2）喜新厌旧：这是生活中人们对事物认知的一种常见心态。人们总是对新的事物充满好奇和渴望。

在审美领域，这种喜新厌旧则表现为"审美疲劳"。所谓"审美疲劳"用心理学原理来解释是指当刺激反复、用同样的方式、强度和频率呈现出来的时候，带给人们的反应就开始变弱。如果一件事物或者行为长期出现在眼前，那么这个事物或者行为已经在心理上失去了新鲜感，久而久之所谓的审美疲劳出现了。当审美疲劳出现时，原有的服装美感也就消失了。

服装流行的周期性就充分说明了这一点。一件服装在一定时期内被一定的人群所穿着，随着流行的深入，不断扩大穿着群体，那种新鲜的视觉刺激感就会逐步减退，受众群体越多，视觉疲劳越大，美感越减，直至新的流行出现。由于"不再流行"，一件衣服还没有穿旧，就已经被束之高阁了。为了避免视觉疲劳，就要不断的出新。审美求新、求异不是服装美感产生的主要原因，但却是服装美感产生的助推力。

3. 理解

理解是美感产生中的理性因素。在美感的产生过程中有没有理性因素是一个受到争议的美学问题。美感到底是靠感性直觉而来还是需要思索而来呢？反对理性主义者看到美感的感性属性而否定美感的理性因素，代表人物是意大利的哲学家、美学家、文学批评家、历史学家贝奈德托·克罗齐（Bendetto Croce）（1865—1952 年），代表学说"直觉说"。与此相反的机械唯物主义者，虽然看到了美感的理性因素，但是没有看到美感中理性与抽象思维中的理性的根本区别：美感的理性是渗透于知觉、想象、情感之中的。

我们说，美感既有感性形式又有理性形式，是感性与理性的统一。美感中特殊的理性因素内容，一般称为理解。在服装审美中，主观因素占有很大比重。每个人选择不同的服装都有其自身原因。加之，现代服装语言的多义性、各种服装审美现象的层出不穷，因此在服装审美过程中，理解有助于美感的完成。"理解"影响着对服装美的评判和欣赏，那么这种服装美感中的理解是如何建立的呢？

（1）要有一定的服装审美修养：修养，是一个人综合素质的体现。服装审美修养一方面直观地体现在一个人着装的外在形象上，另一方面体现在对服装美的感知和理解上。对于大多数非服装专业的人士来说，服装修养来自于日常生活中的积累和其他方面文化修养的影响。图 4-6 是设计大师伊夫·圣·洛朗（Yves saint Laurent）在 1965 年受到荷兰画家蒙德里安（Mondrian）"结构主义之父"的绘画作品的启发而创作的"蒙德里安样式"迷你裙。他将绘画作品直接植入服装，是艺术与服装的完美结合，如果不了解现代艺术，是很难理解设计师的设计理念的。

▲ 图 4-6

蒙德里安样式

（2）要具备与审美对象相同、相近的文化背景：文化背景包括文化传统、风俗习惯、生活环境、价值观等，具有相同文化背景的人群之间美感的相互理解更容易，不同文化背景的人美感的理解则较为困难。例如，中国国画中常以"岁寒三友"（松、竹、梅）或梅、兰、竹、菊"四君子"为创作题材，表达傲骨清风的气节。但是这对于生活在不同文化背景下的西方人来说，要领悟它的情趣就相当困难。同理，服装美感的产生亦如此。拿

▲ 图 4-7

苏格兰男性的裙子

传统文化来说，图 4-7 中男性穿裙子，面对这样的奇怪装束，美感从何而来呢？

孰不知，苏格兰男人穿裙子是历史留传下来的传统，可以追溯到 16 世纪。它起源于一种叫"基尔特"的古老服装。在苏格兰人看来，"基尔特"不仅是他们爱穿的民族服装，而且是苏格兰民族文化的标志。今天每当苏格兰高地的居民喜庆联欢会时，总是穿上漂亮的方格裙，跳起民族舞蹈，一股浓郁的苏格兰民族风情扑面而来。 如果我们了解了这段服饰历史，面对苏格兰裙就不再奇怪了。

（3）要有一定的审美心境：美感在一定程度上随着个人心境、情绪的不同，而有所不同。当一个人忧心忡忡时又怎会对服装产生兴趣呢？实质上，除非专业服装人员，日常生活中并不是人人都会对服装投注热情的。对于衣着马马虎虎的人，常常会对服装美视而不见。因此，服装美的被感知，还要依赖人们对服装的审美兴趣和态度。不言而喻，对服装的关注和热情与年龄、性别、职业等均有关。

二、服装美感的传达

对于现实美的服装来说，美感的传达，既包括关于流行观念、美学思想、风格和消费主张的隐性传达，又包括服装具体款式、色彩、面料以及饰品的显性传达。这种传达主要有时装广告、橱窗展示、时装店陈列、明星代言、时装摄影、时装杂志、互

联网、街拍等形式。服装美的传达是为了获得更多审美主体的认可和欣赏，因此，服装美的传达也是服装市场营销的方式。成功的服装美感传达需要相关行业人员的配合，如摄影师、杂志编辑、造型师等，他们在传递服装美的过程中，同时还传递出了一定时期服装的潮流和趋势。

（一）服装陈列

服装陈列是展示服装美的最为直接方式，也是商品陈列的一个分支。它运用各种道具，结合时尚文化及产品定位，以及各种展示技巧将服装美表现出来。合理、高超的服装陈列可以起到展示服装美、提升服装品牌形象、营造品牌氛围、提高销售量的作用。服装陈列有店内陈列和橱窗展示两方面，它不仅传递服装美，还在于吸引顾客的购买欲望（图4-8）。

◀ 图 4-8

服装陈列

国际名牌服装纪梵希店内陈列，有效传达服装美感和品牌文化。

（二）服装模特

服装模特是赋予服装灵性的活动"衣架"，是展示服装美的使者。因此，为了达到理想的服装展示效果，模特的身材条件有严格要求：身高和三围的要求是模特必须达到的基本条件。

1858年，著名法国高级时装创始人查尔斯·沃斯（Charles Frederick Worth）为推销服装创造了一种新颖的促销方法，他让自己时装店的女店员充当"人体模特"，推销一种羊绒披肩。结果，取得很大的成功，销量非常好，后来这个店员也成了他的妻子，这就是最早的服装模特。沃斯是世界上第一位启用真人模特的设计师，之后，许多设计师竞相效仿，开始启用真人作为模特展示自己的时装作品。第二次世界大战期间是模特业迅速发展的黄金时期，诞生了很多超级名模。今天，超级名模与服装之美的关系是相辅相成的，一方面，她们展示服装美、衬托服装美并用她们的"超级"名气带动服装品牌的营销；另一方面，服装美也为她们塑造了美好的形象（图4-9）。

▲ 图4-9

超级名模

瑞典模特丽莎·伏萨格里维斯·佩恩（Lisa Fonssagrives-Penn）成名于第二次世界大战期间，她是史上第一位超模，在她20年的超模生涯中一直被众多模特模仿。

（三）服装表演

服装表演是以展示服装款式、色彩、面料和各种附属装饰品为目的的舞台活动。分为商业性和艺术文化性两大类别。

商业性的时装表演主要以宣传服装企业形象、推销服装为目的，其中还兼有预报流行趋势、创出和保持服装品牌的效应。艺术文化性时装表演除含有商业性外，还带有审美价值和艺术内涵。通过模特对服装美的展示和演绎，将艺术气息带给观众。最初，时装表演只是简陋、低成本的产品展示，如今的服装表演，犹如一场电影，有着庞大的制作队伍，表演场地更是出其不意，废弃的火车站、机舱、豪华的宴会厅，无论什么样的空间都可以变成展示艺术梦想、实现幻想、产生轰动效应的舞台。服装表演也成了不折不扣的"表演"（图4-10）。

（四）时装杂志

时装杂志用平面影像的方式将服装美感传达出去。在发布流行趋势、服装和化妆品销售，以及对设计师和服装品牌的宣传方面，时尚杂志起到了重要作用。时尚编辑以最快的速度将最具时尚感的服装潮流带给大众。

历史上关于时装、时尚的咨询在早期的文

▲ 图4-10

服装表演

2012年，西班牙马德里春夏时装周。人们休闲的坐着，聊着天，模特随意地穿梭其中。

学期刊中并不被看好，甚至没有位置，直到 18 世纪中期，一些女性流行杂志应读者的要求，开始刊登关于女装、手包的新闻并把它们增加到与诗歌、文学、旅游等内容相同的位置。这些杂志在当时是针对中产阶级的读物，此时，为了迎合社会发展和读者的需要，一些专门的女性时装时尚杂志出现了，这些杂志制作精美配有插图，价位也很高。*Harper's Bazaar* 创刊于 1867 年，是世界上第一本专门介绍服装潮流的杂志（图 4-11）。

将永恒的美感带给热爱美、追求美的女性是 *Harper's Bazaar* 的使命，这也使它很快就风靡在女性中，以至于在第二次世界大战期间，物资短缺时期，英国编辑即使用包肉纸也要将 *Harper's Bazaar* 印刷出来，给那些即便在炮火的间歇中也要穿上玻璃丝袜的年轻女性看。

20 世纪 80 年代随着人们着装观念的开放，我国的时尚杂志也开始走入人们的文化生活领域，这样的杂志在当时很时髦，它为大众打开了一扇窗，把服装之美带给了大众（图 4-12）。

时尚杂志用镜头和纸张，用文字和图像记录了每一时代的服装美，它们不仅展示着美丽的形象还传递着美的观念。

（五）互联网

网络为服装美的传达提供了一个全球范围的平台。从服装品牌到服装款式，从国际名牌到大众潮流通过网站的宣传传播出去。网络也使服装美的传播发生了革命性的变化，通过访问专门的时尚网站，大众可以获得更多的服装资讯并参与其中进行服装美的评判。

▲ 图 4-11

Harper's Bazaar

Harper's Bazaar 创刊于 1867 年。

▲ 图 4-12

20 世纪 80 年代的《时装》期刊封面

（六）街拍

街拍，简单来说就是用照相机抓拍街头时尚。"街拍"是一种源于欧美国家的文化，最早是源于时尚杂志的需求，这些时尚杂志除了介绍各大 T 台的流行趋势，还要传递民间的时尚元素，于是"街拍"应运而生。"街拍"用相机记录了街头行人的穿衣打扮和街头风景，"街拍"中既有专业摄影师抓拍的镜头，也有摄影师请路人摆拍出来的镜头。一般采用便于携带的小型摄影器材或者干脆使用手机拍摄。"街拍"活动正逐步成为年轻人一项新的街头文化活动，"街拍"具有浓厚的生活气息，非常纪实地传递着最新的街头时尚并反映了市井文化的审美观。网络则是"街拍"成果展示的最大平台，通过这个平台可以迅速、大面积的将"街拍"的作品传递出去，进而将生活中的服装美、着装美和时尚风向传递出去。

第二节 | 服装美感的特征

服装美感是对服装美的感知，是人皆有之的爱美之心的显现。处于不同或相同的时代、民族、人种、地域、阶层的人和生活在不同或相同的经济条件、科技条件、生活环境下的人，常有不同或相同的服装审美标准和审美选择，这就显示了服装美感的差异性与共同性。这里，差异性和共性不仅是服装美感的特征也是美学中美感的特性。

▲ **美学链接**

美感的差异性

不同的人对于同一个审美对象产生不同的甚至是对立的审美感受、审美评价，有时表现为量的差异，如美感程度上有无、强弱、深浅或角度上的偏与全；有时表现为质的差异，如美感内容、性质上的肯定与否定，接受与反感的对立乃至斗争。美感差异性具有一定的普遍意义，其根本原因是由于不同时代、民族、阶层的人从事着不同的社会实践、审美实践，有着不同的生活方式，不同的价值观和不同的政治、经济利益和文化修养，形成不同的审美心理以及审美标准、审美判断，即便是同一时代的人，由于个体的种种差别（年龄、性别、经历、教养、文化气质等）也会形成不同的审美经验、审美观念，对同一审美对象产生不同的审美感受。

服装美感亦是如此。穿衣戴帽原本就是非常个人的事，因此服装美感的差异性更加显著，这种差异既有个体性又有群体性。

一、服装美感的差异性

服装美感的差异性主要是由于个人的文化修养、社会经历、职业、生活环境和审美理想等不同造成人与人之间的服装美感的个体差异，以及由时代、民族造成的服装美感的群体差异。这里主要谈一下群体差异。

（一）时代差异

时代的变迁影响着人们审美心理的变化。服装美感作为审美心理在日常生活中直接体现也随着时代的发展而变化。每个时代都有特定的物质生活和精神生活，并且受到不同的政治、经济、科技、文化、思想观念等的影响，形成了具有时代特色的服装，这就是服装美感时代差异性。图4-13中服装就像一张年代记录表，记录了每一时代人们的生活"面貌"。

服装美感的时代差异性受到多方面因素影响而形成。这种差异既有量的差异也有质的差异。量的差异体现在服装美感程度上的强弱，同一件服装在不同的时代获得人

◀ 图4-13

我国20世纪60—80年代服装

们审美认可的受众程度也不同；质的差异体现在不同时代完全不同的审美喜好，质的差异总是由量的差异积累到一定程度而实现的。

例如，在我国人们对牛仔裤的审美接受历程就经历了一个服装审美上的量变到质变的过程。20世纪80年代初期，牛仔裤刚刚传入我国的时候，仅有一小部分"大胆"的年轻人穿着，大多数人还接受不了这种将腿部包裹得很紧的裤子，因此在当时穿着牛仔裤的青年人甚至被冠以"不良青年"的标签。然而，时过境迁，人们的审美观念随着时代的进步转变，而今，在我国牛仔裤已成为任何一个年龄段的人群都喜爱和穿着的服装。服装审美的时代差异与社会文明、开放程度、政治环境、经济水平等都有关系。

服装的流行或者说"流行服装"也是服装美感时代差异的表现之一。流行服装具有很强的时效性，每一段时间内的流行服装都是不相同，流行服装的"寿命"有长有短，总是随着时间的流逝而不断变化。流行服装体现了一个地域在一段时期内为人们喜爱的服装款式并由此反映出人们的服装审美倾向。但是，流行服装只是服装美感时代差异的表现之一，不能完全代表时代差异。这是因为，从时间上说，服装流行的速度快，淘汰的更快，从人群上说，服装流行是部分人参与的着装行为。服装的时代差异则是在不同的历史时代人们普遍认可的服装审美喜好、观念等的差异。

（二）民族差异

由于世界上每个民族所生活的环境不同，他们的民风民俗也不同，也铸就了不同的民族性格，这些不同又会无形地渗透到审美取向方面并直接影响着服装美感的形成。造成服装美感的民族差异因素很多，其中包括自然环境、宗教信仰、文化观念等因素。

自然环境是人们赖以生存的空间环境，由于经纬度的不同，日照、降水、气温等自然气候不同，决定了人们对穿衣的选择，也影响了服装美感的取向。作为人类生活记录的服装具有鲜明的地域性。《列子·汤问》中有"南国之人祝发而裸，北国之人鞨巾而裘，中国人之冠冕"就是用地理环境的不同，去解释服装美感的不同。

以我国少数民族为例。生活在北方广袤草原和绵延起伏的群山之间的少数民族，以畜牧为主，以大自然为家的生活方式，造就了他们粗犷豪迈的民族性格，在服装审美上显现出质朴、大气、庄重的美感特点。蒙古族不论男女都爱穿长袍，外加各种佩饰以及长短坎肩，且腰部佩带蒙古刀，足蹬高筒靴。这样的服饰适合流动性很大的游牧生活。长期与自然为伴，使得蒙古人崇尚白色、天蓝色这些纯净、明快的色彩，在服饰纹样上，云纹更是蒙古族特有的纹样。蓝天白云，绿草红衣，加上美丽的云纹装饰，体现了一种天然的、和谐的服装美感（图4-14）。

南方的少数民族生活环境大都气候较热，又有青山秀水的环抱，在这样的环境里生活的居民，民族服装具有细腻、轻盈飘逸的特点。比如黎族，主要居住在位于中国最南端的海南岛，地处热带，属于季风气候，依山傍海。这里居民的服装质料多以单薄的棉、麻为主，据说是为了便于海水溅湿衣服时方便海风吹干，色彩多为深色。黎族男子一般穿对襟无领的上衣和长裤，缠头巾插雉翎。妇女穿黑色圆领贯头衣，并配以诸多饰物，下穿紧身超短筒裙。在领口、袖口等处还有色彩艳丽的纹样装饰。服装的搭配体现了轻巧、细腻般的服饰美感（图4-15）。

每一个民族都有自己的宗教信仰和物种崇拜。宗教信仰也会影响到人们的服装审美心理，形成不同的服装美感。例如，信仰佛教的傣族，服装审美中就渗透着佛教的影响。佛教在傣族人的日常生活中起到了支配作用。每个村寨都有寺庙，每个家庭都有佛坛。傣族人自古爱穿白色衣服，白色被看成是服装中最美丽的颜色。在重大仪式中都要穿着白色衣服。《新唐书》中曾以"白衣"称傣族，宋元则称"白衣蛮""白衣"等。这是因为白色在佛教中有洁净之意，受其影响，白色成为傣族人崇尚的颜色。回族最具有民族特色的小白帽叫号帽，又称回回帽、顶帽，是一种白色无檐小帽。回族人喜欢戴号帽，是因为根据伊斯兰教规，人们在礼拜磕头时，前额和鼻尖必须着地，戴无檐帽比较方便，遂发展成为一种服装习俗为人们喜爱。

如果我们以坐标轴来体现服装美感的差异性，那么时代差异就是一条纵向坐标轴，按照时间发展的进程，体现了服装美感的社会历史性。民族差异则是一条横向坐标轴，按照生活的自然环境体现了服装美感的地域性。

▲ 图 4-14

蒙古族服饰

▲ 图 4-15

黎族服饰

二、服装美感的共性

服装美感的差异性表现了美感中的特性，而服装美感的共性则说明了它的普遍性。"口之于味也，有同嗜焉；耳之于声也，有同听焉；目之于色也，有同美焉"。孟子在这里所说的同嗜、同听、同美，就是从人性方面，即从味、声、色对人具有普遍意义的观点来论述美感的共性。

▲ 美学链接

美感的共性

不同或同一时代、民族、阶级的人对于同一审美对象所产生的某些相同、相似、相通的审美感受和审美评价。这种共同性，有时表现在度量上的相近、相似、相同，如不同人在美感程度上的有无、强弱、深浅或角度有共同之处；有时则表现在性质的相近、相同、相通，如不同的人在美感内容、性质上的肯定与否定，接受与排斥的彼此相通，乃至共鸣。美感的共同性较为普遍、显著的表现在同一时代、民族、阶层的人们之间，也表现在不同时代、民族、阶层的人们之间。当人们有着共同的实践要求、实践经验，在改造自然、改造社会方面有着某些共同的利益、需要、愿望形成了某些共同的审美需要、审美标准时，他们对于同一审美对象，从形式到内容就会产生某些相近或相同的美感。

服装美感的共同性表现在身处不同地域、不同历史时期的人们具有较为相同的服装审美喜好，这种共同性既表现在具体的服装种类上，又体现在抽象的服装审美观念上。例如，婚纱是世界公认的结婚礼服和见证美好爱情的标志；西装是社交和职场服装；牛仔服则是国际性的休闲服装，服装的国际通用性体现了服装审美的地域融合性。有些服装经历了时代的变迁，依然为人们喜爱，体现了服装审美的历史继承性。美感共同性究其原因：一方面，人的感官具有相通性，如休闲服的舒适就为人们所公认。另一方面，信息时代加强了世界各国的文化交流与沟通，这样也使服装审美喜好更易于传递与融合，更重要的是当人们的生活方式、生产方式趋于一致时，也会促使人们对服装美感的认识趋于一致。这种接受与认可是人们在长期的服装审美实践中形成的，具有一定的普遍性，主要体现在以下几方面：

（一）形式美

形式美主要指服装的视觉美感，这也是服装美的永恒追求，服装形式美包括造型美、色彩美、材料美以及着装效果美。

1.造型美

服装造型美是指服装的款式美，它既包括服装的整体廓型美又包括具体的领型、袖型、门襟等细节美。造型美受流行因素的影响，为了能够达到人们共识的服装造型美总是会反映出艺术美的普遍规律，以适合于所有造型艺术的形式美法则规律。另外是否有新意、创意也是视觉美感的重要因素，这也是服装审美中求新、求异的审美心理体现。图4-16、图4-17中，设计师巧妙地营造了服装的造型美。

◀ 图 4-16

礼服

作者：栗原大（Tao Kurihara），川久保玲学生，2008年。

◀ 图 4-17

晚宴服

作者：迪奥（Dior），1949年。

2.色彩美

服装色彩美包括两个方面：一是服装搭配而产生的色彩美（包括服色与饰品色、服色与肤色等）；二是服装与外界因素协调而产生的色彩美（包括服色与环境）。单纯的看服装色彩没有哪个颜色是难看的，关键是看它与周围环境的搭配以及使用的条件是否和谐。如用浑浊的颜色表现"乞丐装"要比亮丽的颜色更恰当。

3.材料美

材料美侧重在面料的图案、肌理以及舒适度等方面。面料的肌理美主要指材料表面因织造而产生的纹理效果，尽管它不像色彩、图案那样一目了然，但它传递的是面料的

"隐性"美感。另外，面料与皮肤间的舒适度可以带给人们生理上的舒服感，而这种舒服感也是辅助美感产生的原因之一。随着服装科技的发展，许多高科技面料不断应用于服装，即丰富了服装材料的美感表现又满足了人们多样化的穿着需求。设计师的许多创新是从服装面料开始的，图4-18是特殊材料制成的服装，虽然设计于20世纪60年代，但今天看来依然充满创造性。

4. 着装效果美

服装只有穿在人身上才有了生命，服装美的最大意义在于对着装者的修饰与美化。一件衣服由不同的人穿着会产生完全不同的着装效果。因此挂在橱窗里最美的服装不一定是穿着效果最好的，而最适合的服装才是最美的。同时，着装效果美也是服装的外在美和人的内在气质美的完美结合。正因如此，便有了"试衣模特"这项职业，她们的工作就是把设计师的设计稿最终以穿着效果的真实形式展示出来。着装效果美还包括服装与配饰、服装与化妆的和谐搭配（图4-19）。化妆和配饰可以辅助服装完成对个人形象的包装。帽子、手套、围巾、包、发饰、项链、耳饰、手饰、纽扣、领带、鞋、腰带等都是服装整体着装效果美中不可缺少的要素。另外，服装与环境之间的协调也是整体效果美的内容。穿着适合环境场合的服装是一个人的服饰修养的体现，也是一种礼貌。

▲ 图4-18

用金属片制作的迷你裙

作者：帕科·瑞本（Paco Rabanne）。

▲ 图4-19

着装整体效果美

休闲服装搭配，从运动器材到运动服装的整体配套。

（二）工艺美

无论多么简单的服装都离不开加工、制作这一环节。服装工艺美是由精致的服装加工工艺带来的美感。服装工艺是将服装设计与服装材料合二为一的技术手段。服装工艺美带给穿着者的不仅是视觉上的美感还有穿着舒适感。如果我们说服装视觉效果美以一种张扬的形式凸显服装的外在美，那么服装工艺美就用低调含蓄的形式体现了服装的内在美。由精湛的服装加工技术所体现的服装工艺美往往被服装的造型美所掩盖，但它却是服装品质的保障，也是服装美的委婉表达。

（三）舒适美

舒适美是一种生理上的体验。对于实用服装来说，除了视觉效果带给我们的愉悦，更重要的是它还直接与身体发生关系，为我们所穿用，因此，除了视觉感，生理感官的感受也是形成服装美感的原因，服装的舒适性是评判服装美的重要指征。如果说，着装效果是服装的形式美，那么身体的舒适性就是服装的功能美，它们共同完成了服装美。这种舒适感既体现在面料上也表现在造型上。随着服装科技的发展，越来越人性化的服装将为人们的生活带来更多舒适与便利。

第三节　服装审美趣味

美感的差异性和共同性直接体现在审美趣味中，并影响着人们的审美判断与鉴赏。

▲美学链接

审美趣味

审美趣味是美学史上很多美学家讨论的问题。审美趣味是一个人的审美偏爱、审美标准、审美理想的总和。审美趣味以主观爱好的形式体现出个人的审美选择和评价。一个人的审美趣味是在审美实践活动中逐渐形成的，它要受到个人的家庭出身、阶层地位、文化修养、社会职业、生活方式、人生经历等多方面的影响。也就是说，审美趣味是个人文化的产物，是个人所处的社会文化环境下的产物。审美趣味是在个体身上体现出来的，因而带有个人色彩，但是这种个体身上体现出来的审美趣味又会显现出一个个体所属的群体、社会阶层、集团以及时代和民族的某种共同特点、共同色彩。因此，审美趣味既有社会性、共同性又有个体性、差异性。此外，审美趣味还具有可塑性和变异性。一个人的生活环境、人文教育（特别是审美教育）等都可以促使个人的审美趣味发生改变。审美趣味还集中体现了一个人的审美价值标准，因此，审美趣味在审美价值的意义上就有种种区分：高雅与低俗、健康与病态、广阔与偏狭等。

通常情况下，服装审美趣味会体现在个人的日常穿着上，同时还会暗示一些其他的个人信息。例如，对牛仔裤的偏爱和对碎花裙的偏爱，不仅在外在形象上有着鲜明的对比，还会暗示穿着者的性格、职业等的不同。历史上，在阶级社会里常常是统治阶级的审美趣味左右着被统治阶级。我国战国时期有"楚王好细腰宫中多饿死"的审美现象，这也说明了统治阶级的权威性。服装审美趣味具有群体性和个体性。群体性的审美趣味形成了服装的流行，流行服装代表了一定时期部分人群的审美趣味。以下是具有代表性的服装审美趣味。

一、自然美的服装审美趣味

从根本上说，服装、饰品以及化妆都是人为的、非自然的。当服装以各种人为的、人工的形式包裹着人的身体时，人们却依然想使这些"人为"与"人工"变得自然与天然。在人为中求"天然"，在雕琢中求"自然"，这种审美心理或许很矛盾，但的确拥有很大的群体，并成为一种服装审美情趣。

自然美的服装审美趣味是指崇尚自然、反对烦琐的装饰和华丽雕琢的审美取向。在情趣上不是表现强光重彩的华美，而是看重纯净自然的朴素之美；在设计理念上追求舒适、天然、不做作，倡导人与自然的和谐相处；在服装造型上如实反映人体美的自然属性，不加任何修饰、夸张甚至改变人体的装饰；在服装材料上运用环保面料或者天然纤维。这种审美趣味反映在服装风格上主要有：简约风格、田园风格、休闲（运动）风格、嬉皮风格等。

（一）服装审美中的"自然观"

从古至今，无论东方还是西方，人们对服装自然美的追求都有所表现。展现人的自然美的服装审美情趣在西方最早可以追溯到古希腊时期。古希腊人将一块亚麻布依据人体的自然形态，通过缠绕、系扎而呈现衣服的造型。在服装未经缝合的侧缝中，人体美于不经意间自然流露出来，这样的服装随意而浪漫（图4-20）。

在倡导人与服装的和谐之美方面，我国古代服装中也有这样的例子。魏晋时期玄学、佛教对当时文人雅士的服装影响很大。当时著名的竹林七贤的衣着宽博，且袒胸露脯，服装不重纹饰、不修边幅，追求自然简朴的着装风格。服装体现了他们蔑视礼法、放浪形骸、任情不羁的自然情怀（图4-21）。

▲ 图 4-20

古希腊服装

◀ 图 4-21

魏晋时期竹林七贤服装

近代追求自然美审美趣味的设计师，无疑首推夏奈尔（Chanel）了。对于夏奈尔来说服装设计的核心就是穿着舒服，服装要为穿着者服务，通过舒适的裁剪使女性的身材最自然地展示出，不应为了美而强加给女性任何束缚。夏奈尔认为女性不应成为衣服的奴隶，也不应成为烦琐装饰的牺牲者，她希望服装能够成为身体的一部分，自然的展示人体美，这才是服装美的最高境界。夏奈尔不仅把紧身胸衣这种人为塑型"工具"从服装设计中抛弃掉，而且还试图把它从女性的头脑中完全根除掉，改变了女性对自身服装那种"紧箍咒"的认识，使女性从传统的束缚中解放出来。她设计的服装，款式简单、装饰也很少，但却干练、舒服、便于活动而且自然、随意。夏奈尔认为，女性需要的不是烦琐的服饰而是适合她们日益活跃的生活方式的宽松衣衫，她设计服装的目的就在于使女性看起来年轻、愉快、呼吸自由（图4-22）。

（二）自然美服装审美趣味的表现

1.田园风格

田园风格服装体现了人们对大自然的向往。这种服装以明快清新具有乡土韵味为主要特征，款式宽松、随意自然，不刻意强调人体曲线，面料多采用天然材质，纯棉、麻等，色彩朴素，表现一种轻松恬淡、宁静悠然的情趣。此外，这种服装具有较强的活动功能，很适合人们郊游、散步和进行各种轻松活动时穿着，满足了人们追求舒缓、平静、单纯的生存空间，向往美好大自然的审美心理。"森女"服装风格是当代田园风的代表。这种服装风格来自于日本最新崛起的族群"森林系女孩"，简称"森女"（Mori

▲ 图 4-22

夏奈尔

夏奈尔一身标志性的简洁装扮：简单的针织两件套，低跟皮鞋，珍珠项链，波波头，随意、自然、舒适，直到今天这样的装扮仍然堪称典范。

Girl）。她们的服装风格清新自然、不做作、天真而温馨，宛如从森林里走出来的"小仙女"。她们的生活观念和生活方式也与服装审美是一致的：追求自然、简单的生活状态，享受低碳环保绿色的生活方式（图4-23）。

◄ 图 4-23

田园风格服装

清新自然的森女服装系列，是田园风格的代表，也体现了对自然的向往。

对自然的热爱促使人们采取种种措施对自然加以保护。"生态环境可持续发展"的观点反映了人们对大自然的珍惜与维护，这种理念在服装设计也有所体现，并间接反映了追求自然美的服装审美观。

2. 简约风格

简约风格的服装几乎不要任何装饰，信奉简约主义的服装设计师在服装设计中擅长做减法，他们把一切多余的东西从服装上拿走。简约来自于艺术领域里的极简主义。极简主义（Minimalism）又称极少主义、简约主义，是 20 世纪西方现代艺术重要流派之一。极简主义服装设计是针对装饰主义和享乐主义而言的，在设计中去除一切功能之外的多余东西，只保留最基本的服装要素，在 20 世纪 90 年代形成时尚潮流。极简主义对服装设计的影响具有革命性的意义。极简主义风格的服装几乎没有装饰，没有复杂花哨的图案，烦琐的首饰也被取消；款式造型尽量做减法；面料的使用也是尽量保留其本身所具备的美感，不采用印花、刺绣、镶珠等工艺，极简主义风格弱化人工因素，认为人体是最好的轮廓型，设计时无需进行额外的加工修饰，只需关注人体与轮廓型的协调关系。整体上以自然状态呈现，即使是收腰也不是刻意的表现，所以大多呈 H 型、A 型或者圆筒形（图 4-24）。

▲ 图 4-24

极简主义服装

以最简化的设计表达一种单纯、原始的生活态度。

意大利设计师阿玛尼（Armani）坚信时装应该单纯、简单、明朗。他的服装大方简洁、优雅含蓄、做工考究。他的套装搭配摒弃一切多余的细节装饰，稳重、典雅。他曾经说："我的设计遵循三个黄金原则，去掉任何不必要的东西，注重舒适，最华丽的东西实际上是最简单的。"并且认为，自然与自信就是美（图4-25）。

▲ 图 4-25

2014 米兰时装周阿玛尼系列女装

以上两例是自然美的服装审美趣味中具有代表性的表现，在实际生活，这种对自然美的审美表达还有多种多样的展现……

二、人工美的服装审美趣味

人工美与自然美相对。从根本上说，我们所穿在身上的服装展示的都是人工之美。人们使用各种手段与方法通过服装来装扮人体、改善形象。人工美包括两方面；一方面是服装对人体的造型，另一方面是服装装饰美。对于人体造型既可以通过使用垫肩、胸衬、裙撑等立体方法，还可以通过平面设计手段如宽松、紧身、高腰、低腰等去实现。服装装饰美则是通过服装的色彩、图案以及各种装饰技法对服装进行美化。对于人体造型，我们在第三章中已经讲过，这里主要谈谈服装装饰美，这种美更多的时候是在展示服装自身的美。

服装装饰是使用各种装饰手段塑造服装美，同时也是人工美最直接的表现。在东西方服饰史中都有通过装饰装点服装以至于出现"矫饰"的表现。我国清代服装，无论男女装都有刺绣、镶滚边等工艺。一件服装就像一幅浓墨重彩的工笔画，做足了文章。张爱玲在《更衣记》中有这样的记载"袄子有'三镶三滚''五镶五滚''七镶七滚'之别，镶滚之外，下摆与大襟上还闪烁着水银盘的梅花、菊花，袖上另钉著名唤'阑干'的丝质花边，宽约七寸，挖空镂出福寿字样。这里聚集了无数小小的有趣之点，这样不停地另生枝节，放恣，不讲理，在不相干的事物上浪费了精力，正是中国有闲阶级一贯的态度"（图 4-26）。

◀ 图 4-26

清代服饰

　　无独有偶，欧洲 17 世纪洛可可时期服装也以装饰过剩著称，各种装饰充斥着服装的每一个"角落"（图 4-27）。

　　装饰泛滥的审美情趣产生于人们有闲时间的精工细作，它从一个侧面反映出当时过着封闭式的家庭生活的女性，从事针线活就是她们的主要生活内容。这种装饰烦琐的服装在历史服装和民族服装中不无深刻的体现着。图 4-28 中日本传统服饰和服在宽松肥大的造型上用刺绣、手绘、印染等方法装点服装，装饰美是其主要审美特征。

　　无论是清代的女装，还是 17 世纪、18 世纪欧洲服装，以及日本的和服，我们看到的是满眼的"花红柳绿"、满眼的铺锦列绣，这样的服装不仅用来穿，更重要的是可以用来欣赏。服装审美中的自然美体现了追求淡然质朴、犹如"芙蓉出水"的审美观；而人工美则体现了追求修饰雕琢、所谓"错彩镂金"的审美观。这两种审美观也反映了中国古典美学中两种截然相反的美学思想。

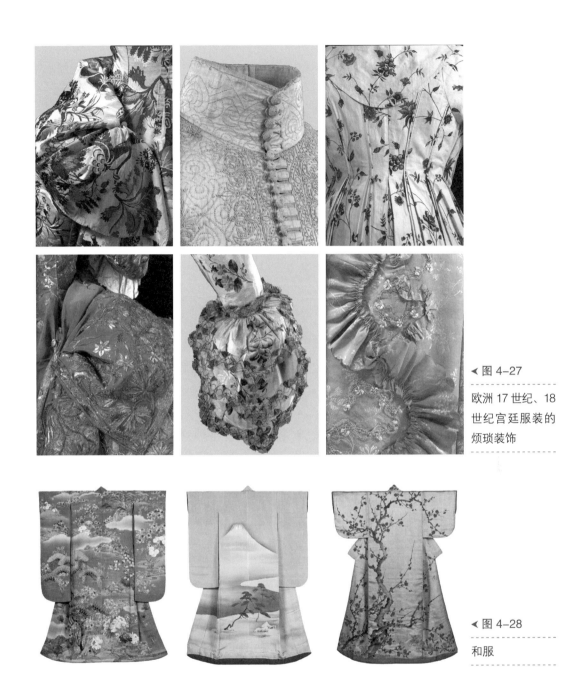

◄ 图 4-27

欧洲 17 世纪、18 世纪宫廷服装的烦琐装饰

◄ 图 4-28

和服

▲美学链接

错彩镂金与芙蓉出水

"错彩镂金"与"芙蓉出水"是一对意境相反的美学思想。也是中国古典美学、文艺理论中的重要观点。"错彩镂金"指精工绘制达到雕饰美的艺术风格。错，涂饰；镂，雕琢。意为涂绘五彩、雕刻金银，本指雕绘工丽，后用以

形容诗文的词藻绚烂。钟嵘《诗品》卷中引汤惠休语曰："谢（灵运）如芙蓉出水，颜（延之）如错彩镂金。""芙蓉出水"喻指天生丽质和自然清新的艺术风格。芙蓉即莲花，据《南史》记载，鲍照在比较谢灵运和颜延之两人的诗作时也曾说："谢公诗如初发芙蓉，自然可爱。君（颜延之）诗如铺锦列秀、亦雕绘满眼。"用芙蓉出水比喻谢灵运的诗歌艺术特色，是指其诗歌自然清丽、不事雕琢。后人也将它们用以评判两种不同艺术风格的作品标准。这两种美或美感的审美理想，表现在诗歌、绘画、工艺美术等各个方面。

"错彩镂金"与"芙蓉出水"原是用以评论文学作品的，但却形成了两种不同的美学风貌：一个是雕饰美，一个是天然美，一个是人工美，一个是自然美。我们也可以将其用在服装审美趣味的品评中。服装中的人工美与自然美就反映了这两种美学风貌。人体美是最高形态的自然美，服装在对人体美的"修饰"方面，用华丽精致的装饰"雕绘"服装，人体美被掩盖于绮丽的服装美中就是"错彩镂金"之美；而用不饰雕琢、天然纯朴的服装状态体现人体之美，追求舒畅、惬意、洒脱的服装美感就是"芙蓉出水"之美。

服装中的自然美与人工美的区别还在于细节，人工美的服装似乎不放过每一个可以展示美的细微之处，在服装的每一个"角落"里都有各种各样的人工装饰充斥着。自然美则相反，任何过分的装饰都是对人体自然美展示的妨碍。

然而，人们对自身装饰的"人工美"与"自然美"的审美观却很矛盾。有时，自然美的表象之下却是极尽修饰的人工美的"伪装"。如化妆中的裸妆，"裸妆"的"裸"字并非"裸露"、完全不化妆的意思，而是力求妆容的自然清新，虽经精心修饰，但并无刻意化妆的痕迹，又称为透明妆。相反，有时人工美的表象之下，体现的却是内在自然美的审美追求。如图 4-29 所示，在狐狸毛皮的大衣上，有一幅祥和、宁静的自然风光的"风景画"，无不体现着对美好大自然的欣赏与赞美。然而对裘皮的使用既是人工美的体现，又是对自然美的破坏。

▲ 图 4-29

裘皮服装上的"自然美"

1994 年，动物保护组织（People for the Ethical Treatment of Animals，简称 PETA）就曾发起反对使用毛皮的运动。

▲ 深入思考

我们已经领略了服装美中的自然美与人工美。现在，尽情发挥你的想象力，寻找更多服装中的"芙蓉出水"与"错彩镂金"之美的例证，一方面体会中国美学的独特意蕴；另一方面体会两种不同的服装审美观。

三、怀旧服装的审美趣味

怀古恋旧服装的审美趣味是再现和欣赏历史服装的美。在服装流行周期如此之短、时尚变幻莫测的今天，怀旧审美趣味依然为人们所追捧，这既说明了历史服装的魅力，也是传统与现代思想的碰撞。

怀旧的审美趣味表现在服装风格上主要有民族风格、复古风格。这些服装风格既有各自鲜明的特点，又有一定的交叉性，它们的共同点就是反时尚、或者说非时尚，如果说女装具有时效性，那么怀旧服装审美趣味偏偏是与时间开了一个"玩笑"，它们是"逆时针"方向而行的，但是怀旧审美并不是简单的对历史服装的"复辟"，而是对历史服装用当代的视角重新解读。因此在流行时尚中，复古风格、民族风格的服装偶尔也会成为时尚潮流。

（一）民族风格服装

民族风格服装是在传承和借鉴传统民族服装元素的基础上，结合现代生产、生活、社交等场合的需求，设计兼具民族元素和现代服装元素的服装，包括民族风格时装、民族风格日常装、民族风格职业装、民族风格礼服等。日本著名的服装设计师三宅一生曾经说过："传统并非现代的对立面，而是现代的源泉"。实际上就服装美的创造——服装设计来说，很多国际有影响力的设计师都是从民族文化、民族服装中吸收精粹为设计所用：东方风貌、欧洲风情、夏威夷以及印第安还有波西米亚等诸多的民族风格都常常被设计师所借鉴和运用。他们有的是在现代服装中注入了民族服装的元素，有的则是将民族服装进行重新演绎。20 世纪初著名的服装设计师波尔·波阿莱（Paul Poiret）就曾对民族服装发生兴趣，并且把民族元素运用到他的高级时装中而成为经典之作。喜欢旅行的他经常把所到之处的民族风情运用到服装设计中：土耳其式的裤子、和服式的裙子、阿拉伯头饰、埃及的图案等（图4-30、图4-31）。

◀ 图4-30

中东风情服装

作者：波尔·波阿莱，1912年。

◀ 图4-31

埃及文化服装

作者：波尔·波阿莱，1922年。

　　而有些民族元素和民族风貌的服装几乎成为时尚的经典，无论什么时候都会有那么一群人去为它们"捧场"。例如，具有东欧、吉卜赛、墨西哥等游牧民族特色的波西米亚风格服装，不但在T台上被设计师们一次次的演绎着，在日常生活中也颇受欢迎。可以说，波西米亚风格服装是民俗化、民族化、自由化的服装代表（图4-32）。

◀ 图4-32

波西米亚风情服装

米兰2017春夏时装周艾特罗（Etro）服装品牌秀场。

在日常生活中尽管民族风格服装并不是主流，但是民族服装审美趣味依然具有一定追随人群。通常民族风格服装是将某些民族元素与现代服装相结合，用现代设计语言诠释民族文化的底蕴，以现代服装的面貌展现民族精神。

（二）复古风格服装

复古风格的服装始终是时尚的潮流。因为历史服装能够给予设计师太多的灵感与养料，而时尚的流行也总是以一定的周期"轮回"着。在复古服装中，世界各地的历史服装均成为复古服装的"源泉"。复古服装与民族服装最大的区别是民族服装具有地域特色而复古服装则具有时间效应。在复古服装中有的是对历史服装造型的复古，也有的是对历史服装穿着观念的复古。例如，著名设计师迪奥在20世纪50年代推出了名为"新面貌"服装，这使他名震一时，也是他的成名作。但实际上，所谓的"新面貌"是时装史上的误会，迪奥的服装在观念上是复古的。"新面貌"的造型要通过紧身胸衣和裙撑才能完美的展示出来。他把女性服装又恢复到了1900年之前的束缚身体和累赘负担的状态中。一件晚礼服重达60磅，也就是差不多30多公斤。穿着这样重的衣服何来舒服？虽然造型看起来典雅，但在观念上是倒退的。由于这种的服装造型满足了第二次世界大战后刚刚走出战争阴霾的女性对"美"的渴望的心理需求，还是得到了女性的追捧（图4-33）。

▲ 图4-33

新面貌

作者：迪奥，1955年。

因此，在复古服装中某些着装观念上的复古是倒退，而历史服装的某些元素出其不意的被设计师运用在当代服装的设计中则是"创新"。图4-34、图4-35是高级时装中的复古设计。

以上我们仅将具有代表性的服装审美趣味进行了学习，实际生活中各类审美趣味远不止如此，例如，对新、奇、特的追求造就了各类求新、求异的服装审美趣味，它们不同程度体现在生活中。

◀ 图 4-34

以文艺复兴时期拉夫领为
灵感的复古设计

左图为古典油画中的拉夫
领，右图为高级时装的拉
夫领。

◀ 图 4-35

以古埃及服装为灵感的复
古设计

左图为古埃及法老的塑像，
右图为高级时装中的埃及
服饰。

本章小结

● 服装美感是人们对服装美的一种能动的认识与反映，它的产生离不开人的
生理因素和心理因素的作用。就生理因素来说，视觉、触觉是服装美感产生的感
觉；就心理因素来说，情感、心态、理解都在服装美的产生中发挥着作用。

● 对于现实美的服装来说，美感的传达既包括有关流行观念、美学思想、服
装风格和消费主张的隐性传达，也包括关于服装具体款式、色彩、面料以及饰品

的显性传达。传达形式主要有时装广告、橱窗展示、时装店陈列、明星代言、时装摄影、时装杂志、互联网、街拍等。

●服装美感的差异性主要是由于个人的文化修养、社会经历、职业、生活环境和审美理想等不同造成人与人之间的服装美感的个体差异，以及由时代、民族造成的服装美感的群体差异。服装美感的共同性表现在身处不同地域、不同历史时期的人们具有较为相同的服装审美喜好。这种共同性既表现在具体的服装种类上，又体现在抽象的服装审美观念上。

●服装审美趣味是一个人的服装审美观的具体体现。当代服装审美趣味主要有：自然美的审美趣味、人工美的审美趣味、怀旧服装的审美趣味等。

美学问题回顾

1. 美感。

2. 美感与快感。

3. 移情说。

4. 心理距离说。

5. 美感的差异性。

6. 美感的共同性。

7. 审美趣味。

8. 错彩镂金与芙蓉出水。

思考题

1. 谈谈服装美感产生的生理因素和心理因素。

2. 结合实际生活着装案例谈谈移情说、心理距离说在服装美感产生中的作用。

3. 结合实际生活着装案例谈谈你身边的服装审美趣味。

4. 以"街拍"为题，进行街头服装审美调研并进行讨论。

理论
应用

当代各种服装审美现象中，
　　　　牛仔裤堪称服饰流行文化之最

课题名称： 服装审美现象

课题内容： 1. 当代国外服装审美现象

　　　　　　2. 当代国内服装审美现象

课题时间： 8课时

教学目的： 了解伴随在青年人身边的一些服装审美现象及其文化意义。

教学重点： 1. 嬉皮风貌、朋克风貌、嘻哈风貌、牛仔服这些服装审美

　　　　　　现象形成原因、审美特征以及在当代服装设计中的体现。

　　　　　　2. 军装热、汉服热、"日、韩时尚热"服装审美现象的审美

　　　　　　评价。

教学要求： 1. 教学方法——讲授法、演示法：影像资料播映、图片资

　　　　　　料展示。

　　　　　　2. 影像资料播映——嬉皮、朋克、嘻哈音乐资料的播映。

第五章 服装审美现象

导语：服装的流行犹如潮起潮落的海水，一波接着一波，涨潮的时候它们会在生活的"沙滩"上留下冲浪的痕迹，但是潮退了谁又会记得呢？然而有时候，在某些人群中，某种服装的流行有着深刻的社会文化根源，它们不仅反映在外表的穿衣打扮上，还在其他文化领域里有所体现，并被时尚的历史记录下来，这样的服装流行就可以称为一种服装现象了，再具体地说，就是服装审美现象。

第一节 | 当代国外服装审美现象

当代服装审美领域出现了许多新现象，人们的着装审美观念是如此的琢磨不定和变化多端。20世纪以来，西方社会受各种社会文化背景的影响，在青年人中形成了一些具有特色的青年亚文化，它们与主流文化格格不入，有着自己独特的表达方式。他们用服装展现内在的思想和精神诉求，用服装"述说"他们的一切，他们的着装也因此形成了各具特色的服装风格。本节主要介绍发生在青年人身旁的服装审美现象。这些审美现象产生于20世纪，服装作为现象外在形式的集中体现有着鲜明的特点。今天，距产生这些服装审美现象的文化运动已经远去，但作为文化一部分的服装风格和着装形象至今在时尚界还有一定的影响力，并成为很多青年人着装的效仿。

一、嬉皮服装审美现象

20世纪60年代中期，美国旧金山的"嬉皮士运动"引发了一场服装史上的革命。嬉皮士的服装是如此的反常，以至于嬉皮士运动虽然是一场文化运动，但是在服装史上却不容忽略。嬉皮士主要聚居在旧金山和加利福尼亚地区，穿着代表嬉皮士精神的服装。他们的服装不仅是对传统服装观念的挑战，更重要的是这种着装观念在当时竟然领先于国际上那些有影响力的成衣设计师，直至后来被他们模仿。

（一）嬉皮运动

第二次世界大战后的美国经济迅速复苏，一批出生在20世纪50年代末期的中产阶级年轻人，在父辈的努力经营下轻而易举的拥有了优越的物质生活。然而这种轻松得来的舒适生活却没有使他们感到满足，相反，他们觉得不被社会所接受，对生活失去了热情和信念，他们抗拒当时的社会体制和传统观念。加上当时爆发了越南战争，随着战争不断升级和扩大，美国很多年轻人被迫服兵役，反战、反社会的情绪迅速在这群人中滋长起来，终于在20世纪60年代末期，一批渴望和平和自由的年轻人开始聚集起来表达他们的观点。1967年10月数以万众的年轻人聚集在华盛顿举行了反战游行，他们提出"make love，no war"的口号，试图表达他们的反战情绪。自此，"爱与和平"成为这群年轻人的标志（图5-1）。

随着激进青年与政府、学校以及警察的冲突越来越多，他们对现实社会的不满也越来越强，于是这群年轻人试图通过隐居生活逃避现实。与纷繁复杂的现实社会相比，他们更加渴望和热爱自然，他们希望过流浪式的波西米亚生活，于是年轻人集体逃离现世，过上了乡村的隐居生活。在美国东海岸的格林威治居住着一群对现实失望与不满的年轻人。他们在群居聚点中过着简朴甚至邋遢的生活，他们身穿奇装异服、留着长发、沉迷于摇滚乐中，在他们看来，只有人们之间的互爱才能解决所有的问题。他们的影响远远超出了群居点的范围，越来越多的青年模仿他们的生活方式，这群年轻人自称为"Hips"。旧金山的一家报纸首先使用了"Hippie"一词以描述这群年轻人，从此，嬉皮士成为他们的名字（图5-2）。很多嬉皮士来自白人富裕家庭，他们抛弃富裕，感受并赞美贫穷，体验简单而随意的生活。他们故意穿着简单甚至破烂的衣服，以示对物质生活的抗议。

▲ 图 5-2

20 世纪 60 年代美国嬉皮士

嬉皮士蔑视传统，废弃道德，有意识地远离主流社会，以一种不容于主流社会的独特生活方式，来表达他们对现实社会的叛逆。

最初的嬉皮士是一代追求理想、和平但有些"无政府主义"的年轻人，他们喜欢聚会，到处游行表达自己的心声，用一种怨而不怒的方式表达他们的信仰。但是随着嬉皮文化的进一步发展并向全球各个角落的延伸，也随着他们理想主义在沉重现实面前的破碎，嬉皮士开始自暴自弃，酗酒、吸毒、打架，渐渐远离了理想和初衷。1973年的一天，加州旧金山举行了一场埋葬嬉皮士的葬礼。嬉皮士抬去一口标有"爱情之夏"字样的灰色棺材，把它付之一炬，高喊：嬉皮士死了！这次埋葬仪式标志着从20世纪70年代走向衰落的嬉皮士运动最终"云消雾散"了。

尽管嬉皮士运动逐渐失去势头，但是嬉皮士的生活方式对美国社会的影响是广泛和深远的。并且，嬉皮士的服装以及着装观念不仅对当时的时尚产生了重要影响，在后来的几十年中始终充满活力，不断出现在街头和高级时装的T台上。直至今日，我们依然可以在时尚的舞台中看到嬉皮服装的影子。

（二）嬉皮服装特点

嬉皮士对资本主义的抗拒最直接的体现在他们无拘无束、反礼教的服装上。他们的服装审美观念也正体现了他们的生活态度。由于嬉皮士拒绝现代美国社会的主流文化（包括流行服装），因此他们的着装风格具有一定的复古倾向，与时代格格不入。20世纪60年代典型的嬉皮士装扮：无论男女都留长发，男性留大胡子，头上有发带、戴着花朵，身着喇叭裤和宽松的印有民族图案的长衫及简单的T恤，赤脚穿着凉鞋，颈上戴着花环，这些已成为嬉皮士特有的标志（图5-3）。其特点如下：

▲图5-3

头上戴鲜花的嬉皮士

1. 生态时尚——二手衣

尽管嬉皮士大多出身于中产阶级，有着优越的物质生活，但是他们对资本主义社会的过度消费却是排斥甚至是抵制的。这种生活态度也反映在服装上，他们常常自己动手制作服装或者从便宜的"二手"店买回服装再加以改造。他们的服装没有过多的装饰，坚固耐磨的牛仔裤、简单的T恤等成为他们的最爱。他们似乎在用这种反传统的服装审美观念告诉人们，服装不需要花费很多的钱，简单、舒适、随意就是最好的。嬉皮士的服装具有一定生态环保意识，他们把旧衣服再利用，有时也用旧的织物、布帘子等缝制衣服。这些自己动手缝制的衣服造型无一定之规，宽松、随意。它们吸引人的地方是与当时社会的流行服装相比，这些服装就犹如"戏剧"服装，穿上它们仿佛进入了一个个新的"角色"，而不是社会认同的服饰身份。美国圣弗朗西斯科的二手衣商店为嬉皮士提供了大量的古董式的服装，使他们可以利用这些旧衣服进行"二度创作"。嬉皮士们并不以穿旧衣服为耻，相反他们声称他们穿的不是该遗弃的旧衣服，而是穿的家族的荣耀。就这样，他们用服装将自己伪装起来，逃离现实中的社会身份（图5-4）。

2. 朴素的反时尚

嬉皮士的着装具有鲜明的反时尚特征。20世纪60年代是迷你裙流行的时代，而嬉皮士的长衫、长裙则把时尚倒退到了一个遥远的时代。他们的反时尚还表现在他们的服装很少有过多的装饰，服装的织物也多是粗糙的牛仔布、棉布等，这与他们的出身阶层相去甚远。有些时候，他们还通过文身、彩绘等原始部落的着装审美方式表达对工业社会的不满和他们的信仰。

▲ 图 5-4

嬉皮士服装

嬉皮士身穿自己缝制的长衫，犹如戏剧中走出来的人物。收藏于美国曼哈顿艺术博物馆的嬉皮士服装。

3. 民族风情

嬉皮士崇尚自由自在的生活，他们离群索居远离都市、远离工业时代。嬉皮士的服装不乏有对民族、民俗服装的偏爱，例如，具有民族风情印花图案的长裙和披肩，其中，流苏装饰是嬉皮士服装的特点之一，也许是流苏的飘逸与嬉皮士那种自由、流浪的精神相契合吧。扎染面料服装也是嬉皮士喜爱的，在20世纪60年代末期美国非常流行。扎染是一种古老的染色技术，它最大的特点是随意性很大，每一块手工扎染的面料效果都不同，并且成本很低，嬉皮士常常在自己的T恤、头巾上扎染出各种图案，形成一种梦幻效果。扎染成为那个时代的标志，也成为嬉皮士的形象符号，因此在20世纪60年代的美国穿着扎染服装的人群常常被认为是嬉皮士（图5-5）。

（三）嬉皮士服装审美现象评述

嬉皮士运动给美国社会带来了深远的影响，既有正面的，也有负面的。20世纪60年代是嬉皮士文化流行时期，嬉皮士的服装也影响了当时的时尚，洛杉矶、伦敦、纽约就曾经是嬉皮士时装中心。至今，伦敦的拍卖行里还有许多当年嬉皮士的服装。嬉皮士风格服装的多元化是对当时按季节发布的主流女装一个极大的抨击。嬉皮士带有复古风格的服装，仿佛是在过去和现在之间架起一座桥梁，提醒人们

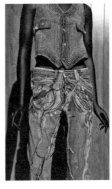

▲ 图 5-5

民族风情的嬉皮士服装

收藏于美国曼哈顿艺术博物馆的嬉皮士服装。

历史服装并没有离我们远去，它们依然可以很时尚。嬉皮服装对于工业社会的主流服装是具有颠覆性的，同时对当时的成衣设计师也是一个挑战，在嬉皮士运动盛行的那些年，由于嬉皮士自己动手改造旧衣物观念的宣扬，再加之当时的女性解放运动，使得很多女性不再穿着由男性设计师设计的服装。当时的很多设计师品牌都面临的生存危机。1968年，设计师鲁迪·杰恩莱斯（Rudi Gernreich）❶就关掉了他的成衣店，并且说"不再对设计师品牌抱有希望了"。可见，嬉皮士服装审美观念的影响力。同时，嬉皮士服装也为人提出了一个关于服装的思考：服装与身份的认同。嬉皮士排斥"有板有眼"的服装，很多出身于中产阶级的嬉皮士却喜欢穿牛仔裤、衬衣或者改造的二手衣，他们用这种着装方式质疑了服装带给人们的身份认同。今天，在那些追求自然、田园、简约的服装风格中我们依然可以"读"到嬉皮士服装审美思想（图5-6）。

◀图5-6

ETRO（艾特罗）

2015春夏波西米亚长裙演绎优雅与浪漫。

二、朋克服装审美现象

朋克是20世纪70年代流行于美国、英国的青年亚文化。朋克青年以激进的服装风格塑造了醒目而刺激的服装视觉形象，也因此形成了具有鲜明特点的朋克风格。

（一）朋克服装的产生

朋克服装是伴随着朋克音乐产生的。第二次世界大战后美国市场和欧洲的消费市场不断扩大，青年的文化市场也在扩大，这使得年轻人成为社会上最为活跃的一份子，他

---

❶ 20世纪60年代美国著名设计师，露胸比基尼是他的代表作。

们渴望通过自己的方式被社会认同。于是这些年轻人就用音乐表达心声，用服装塑造社会形象。20世纪五六十年代，美国流行艺术的代表人物安迪·沃霍尔的波普绘画作品中机械的重复着同一个主题，这种虚无主义的文化视角述说着他的观念：麻木、机械的重复着生活（图5-7）。

◀ 图5-7

《四个玛丽莲·梦露》

丝网印刷，作者：安迪·沃霍尔，1962年。

安迪·沃霍尔对于流行文化的影响力至关重要，他也为20世纪60年代的纽约流行文化带来了冲击性的改变。与此相对的是，在音乐领域里一个年轻、先锋，甚至是有些危险的"种子"诞生了——这就是朋克音乐。没有任何旋律的"噪音"、强烈的节奏、宣泄的呐喊，表达了他们面对种种社会现实的矛盾心理和自我情绪的表达。当时，唱片公司的经纪人希望能够创造一种新的音乐形式，这种音乐能够呼唤人们的心底的感觉。于是在美国和英国诞生了酒吧摇滚乐，这也是朋克音乐的前身。歌手用他们个性化的服装和音乐表达他们的音乐理念。最早的摇滚歌星是英国的大卫·鲍威（David Bowie），他用他的音乐和服装在美国和英国证明了摇滚乐的影响力。当他身着破洞牛仔裤形象出现在公众的视线中时，很快就受到了年轻人的追捧，之后的朋克乐手身着黑色皮夹克、T恤、直筒牛仔裤和运动鞋这样的装束成为朋克乐手的经典装束（图5-8）。

继而，朋克乐手的"舞台"形象开始走向生活，他们用服装表达叛逆和与众不同的心声。穿上磨出窟窿、画满骷髅和美女的牛仔装；梳起了源于印第安部落的"鸡冠

◀ 图5-8

朋克乐队着装

"性枪手乐队（Sexual gunners band）"是英国朋克的起点，他们的着装成为朋克形象的代表。

头";鼻子上穿洞挂环;夹克上装饰着铆钉、别针等非装饰品的饰物,不折不扣地将自己划分到"另类"人群中(图5-9)。

◀ 图 5-9

朋克服装

摄于 1983 年伦敦公园,朋克展示着他们狂野的发型和有铆钉装饰的皮夹克,这是典型的朋克形象。

(二)朋克服装特点

朋克风格服装是 20 世纪 70 年代街头服装的代表。经典的朋克风格服装是皮夹克、破洞牛仔裤,金属链、铆钉、别针装饰。

1. 服装款式

朋克青年常穿黑色皮夹克、缀满金属铆钉的牛仔裤,印着醒目字眼和图案的 T 恤,他们故意把衣服撕破、弄脏,并且在衣服和裤子上别着特大号安全别针和金属链。20 世纪 70 年代中期,朋克女孩开始穿着极为惹眼的迷你装或苏格兰图案的迷你裙。如今,这些朋克服装款式已经成为朋克的典型"行头"(图5-10)。

2. 服装色彩

黑色、红色是朋克风格服装最常用的颜色。他们经常将一些对比色搭配起来,或者在纯黑的皮革上饰以鲜艳刺目色彩的饰物,以此烘托出极具视觉冲击力的形象。

▲ 图 5-10

朋克风格夹克

3. 服装图案

朋克青年的 T 恤、牛仔裤上常常印有刺眼甚至是偏激的图案与图像，或是口号式的涂鸦文字，其中，骷髅图案是使用最多的。朋克仿佛要通过这些离经叛道的图案将他们的叛逆表达到极致。

4. 面料再造

与嬉皮士一样，朋克也主张 DIY（Do It Yourself），把廉价服装和布料进行再造加工，使服装呈现出一种新的风格。朋克服装再造特点是故意将衣服做旧、做烂、做破、做脏，例如，在牛仔服、牛仔裤上挖洞、撕扯成条、沾染污渍等。通过这些手段有意创造出极为夸张的"脏与破烂"视觉效果，表达他们对正统文化的抵触和对传统服装审美的挑战（图 5–11）。

5. 装饰元素

对于朋克来说，安全别针、剃须刀片、拴狗链、铆钉这些生活日常用品都可以成为配饰。朋克青年把安全别针当作耳环，有的干脆直接"别"在皮肤上；他们把拴狗链或自行车链条，环绕在脖子上或者松散的拴在两腿上；机车手手套、腰带、网眼袜、松糕鞋也都是朋克服装所不可或缺的配件。这些非装饰用饰品，带着玩世不恭的色彩似乎在告诉人们：没有什么不能穿在身上的。图 5–12 约 翰·温 斯 顿·列 侬（John

▲ 图 5–11

朋克牛仔裤面料再造

▲ 图 5–12

约翰·温斯顿·列侬

Winston Lennon）（性枪手乐队主唱），他的衣服上用别针、金属链、十字架装饰，这些都是朋克风貌的装饰元素。

6.朋克发型

朋克的经典发型被称为"鸡冠头"，有时也被称为"莫西干头"。这种发型源自北美地区的一个印第安部落的莫西干族，是那里族人留的发型。发型的特点是将两侧的头发剃光，仅在头顶留出一束，或在前额的两鬓处保留一撮。朋克们在这种发型的基础上为头发增添了色彩：翠绿、草绿、金黄、火红、橙红、粉红，颜色极其丰富。这些跳跃的颜色集中在头上使得朋克形象更加触目，朋克也会在"鸡冠头"的基础上进行变化（图5-13、图5-14）。

（三）朋克之母

当美国的朋克音乐蓬勃发展起来的时候，英国也受到了鼓舞。马尔科姆·麦克拉伦（Malcolm McLaren）和他的妻子维维安·韦斯特伍德（Vivienne Westwood）（图5-15）是英国朋克文化不得不提到的人物，特别是他们在服装方面的贡献，他们

◄ 图5-13

朋克发型

◄ 图5-14

朋克发型变异

女孩衣服用别针做装饰，是典型的朋克风格，但发型又区别于一般朋克，20世纪70年代的街头服装中常出现这样的混搭。

◄ 图5-15

朋克之母——英国服装设计师维维安·韦斯特伍德

那些有点"自我膨胀"式的服装，成为朋克服装的样板。

1971 年，这对夫妇在伦敦的国王路（King Road）开设了第一家为朋克设计、制作服装的专营店，他们在服装设计中吸收了朋克那种颠覆传统的叛逆精神。韦斯特伍德将第一家专营店起名为"摇滚起来"，并随着朋克风潮的几经更迭不断更换店名。在韦斯特伍德的推动下，朋克服装在英国流行起来。这些街头风格的服装给予法国传统高级时装以极大打击，同时也为英国时装在国际时装界争得了一席之地，因此，英国女皇为她颁发了金质勋章。韦斯特伍德是一名具有革命意义的服装设计师，多年以来被看作服装界的另类人士。在她的原创设计中，有些式样现今已经汇入了主流的设计理念中：不对称 T 恤；剪破、磨损的毛边布料；内衣外穿；束带式长裤；木屐式坡形高跟鞋；18 世纪艺术理念的复古装；带有撑架的紧身胸衣等，她影响了几代人，也影响了几代设计师（图 5-16）。

▲ 图 5-16

韦斯特伍德早期的作品

红色格子图案束带式长裤和上衣现在已成为朋克风貌的标志。

维维安·韦斯特伍德对时装界的最大贡献是将地下和街头时尚变成大众流行风潮，她也因此被称为朋克之母。就是她，使朋克风格服装和朋克形象成为继嬉皮士之后的又一个当代重要的服装风貌，也使伦敦的国王路成为世界著名的朋克风景线（图 5-17）。

◀图5-17

韦斯特伍德作品

韦斯特伍德常常从历史中汲取设计
灵感，她还是一位环保主义者。左
图是灵感来源于中世纪骑士的服装，
右图是环保理念下的黑天鹅妆容。

（四）后继朋克——蒸汽朋克

虽然朋克运动伴随着朋克音乐渐渐淡去，但到了21世纪朋克文化依然影响着一定人群。由20世纪70年代的朋克演化出许多后继朋克，其中"蒸汽朋克"是较有影响力的一支，它们在新的时代以新的方式将朋克精神延续下去。

"蒸汽朋克"具有科幻式的怀旧情结。蒸汽代表了以蒸汽作为动力的19世纪的机械时代。历史上，19世纪的英国维多利亚时代是蒸汽工业最发达的时代和地区。在维多利亚女王统治的1837—1901年，是大英帝国的巅峰时期。蒸汽作为主要动力来源迅猛地推动着科技的发展，各种发明层出不穷，人们对未来充满了憧憬与信心。蒸汽的怀旧色彩和朋克的叛逆精神结合起来就诞生了蒸汽朋克（图5-18）。

怀旧和科幻是蒸汽朋克的主题，用科幻的效果将复古的主题表现出来，这是蒸汽朋克的理念。由于加入了科幻色彩就不免有些夸张和另类，这也是第一代朋克的初衷。对于现代人来说，信息社会的快节奏生活，不免对工业时代繁华、悠闲的生活怀念起来。蒸汽朋克既体现了他们对遥远时代的怀念又体现了对未来生活的憧憬。与第一代朋克相比，蒸汽朋克爱好者们将蒸汽朋克理念扩展到了更广阔的领域（不仅仅是音乐和服装）：绘画、文学、工艺品等，蒸汽朋克的爱好者也遍布全球（图5-19）。

（五）朋克服装审美现象评述

朋克是西方社会20世纪70年代青年亚文化的重要组成部分，朋克风格的服装正是朋克文化的突出体现。在朋克文化中不乏有青年人消极的生活态度和对社会的抵触情绪，但从服装审美角度来看，朋克风格服装对时尚界的影响却是深远的。他们把破

◀ 图 5-18

蒸汽朋克

2011 年设计师阿里·法塔赫（Ali Fateh）
设计了以蒸汽朋克为灵感的手袋作品。
华丽的手袋镶嵌了各类珠宝，面纱、独
目眼睛犹如维多利亚时期的再现。

◀ 图 5-19

蒸汽朋克服装与头饰

的、旧的穿在身上，把不是装饰品的别针、铆钉、拴狗链条用来做服装的装饰品。他们把这些"异想天开"的想法随心所欲地"实践"在服装上，直到大众接受并习以为常。朋克们创造了独一无二的街头风格同时也成为街头风格的经典。DIY（自己动手）是朋克服装审美的核心，与嬉皮士带有生态环保意义的 DIY 不同，朋克们的 DIY 通常是"破坏"性的，借此拉开与传统服装的距离，也在向世人宣告他们的生活态度。

尽管，到 20 世纪 70 年代末为止，英国的朋克运动已经基本结束了，但是朋克风格服装依然活跃在大众视线中，甚至于高级时装设计师也会从中寻找灵感。那些流行音乐杂志封面上的朋克乐手们将朋克形象继续传递下去。摩托车夹克、马丁靴、彩虹色的莫西干头，以及对黑色的偏爱……这样的风格一直持续到 20 世纪 80 年代早期并成为朋克的标志性形象。如今，朋克风格服装已经从朋克文化中独立出来，成为一种特点鲜明的服装风貌。无论朋克文化、朋克运动、朋克精神是什么，朋克服装只关时尚的事。

三、嘻哈服装审美现象

"嘻哈"是那些跳着街舞、打着篮球的年轻人的"声音"，是一个在全球范围内拥有数十亿资产的文化产业。"嘻哈"还是一个多元的青年亚文化，同朋克一样，嘻哈源于音乐，但它的影响力又超越了由音乐发起的青年文化运动。

（一）嘻哈文化

嘻哈文化起源于 20 世纪 70 年代初期的美国，比起 20 世纪 60 年代美国的城市民权运动，嘻哈更有说服力的证明了美国黑人的社会身份认同。今天的"嘻哈"已经由最初用音乐、文字表达自我意识的自发行为发展成为全球化的流行时尚，甚至成为奢侈品的代名词。尽管看起来很荒唐，因为它违背了"嘻哈"的初衷，但是嘻哈已成为一项全球化的产业却是个不争的事实。

"嘻哈"即"Hip-Hop"，Hip 的意思是臀部，Hop 的意思是跳跃。"嘻哈"非常形象地刻画出一种摇摆的舞步，由此可见嘻哈的起源与音乐的直接关系。"嘻哈"文化是在纽约布鲁克林（Brooklyn）区的社团文化中形成的。20 世纪 60 年代生活在美国曼哈顿布鲁克林区的黑人青少年，由于家境窘迫没有足够的钱上学，又找不到工作，每天无所事事的他们便在街头以唱歌、跳舞、打篮球等方式自娱自乐。这些青少年流浪在街头，以完全自由式甚至即兴式的方式哼（说）唱着他们身边的"故事"。这就是后来的饶舌（rap）音乐（嘻哈四大元素之一）。黑人青少年正是用这种漫不经心的音乐形式创造了嘻哈文化的雏形。在这个过程当中，黑人独有的音乐天赋、身体柔韧性和创意灵感被带到了他们的歌舞文化当中，逐渐形成了他们特有的歌舞形式，这就是后来的街舞。他们用饶舌配合着动感的舞步表达着或悲伤或愤怒或喜悦的情绪，有着强烈的自我意识追求，以及反主流的文化含义。后来政府发现，这些着迷于 Hip-hop 的黑人青年们参加斗殴、吸毒、盗窃的比例比没有迷上 Hip-hop 的人要少很多，于是对 Hip-hop 的发展予以支持，这样，Hip-hop 文化逐渐发展起来。他们

▲ 图 5-20

涂鸦

20 世纪 70 年代美国布鲁克林区的涂鸦。那段时间整个布鲁克林到处可见涂写得歪歪扭扭的帮派"符号"。

开始在公园、街道、社区中心即兴表演说唱乐并有了追随者，他们的服装也开始被仿效。随着嘻哈歌舞形式的发展，嘻哈青年们原来为了争夺地盘而在墙上随意涂画所做的记号，也逐渐被发展成为有了一定美感的墙上涂鸦。这样饶舌、涂鸦（图 5-20）、DJ 加上后来的滑板逐步发展成为嘻哈文化的四大元素。

嘻哈文化一经产生就如雨后春笋般有着旺盛的生命力。饶舌、街舞等在青少年中不断流行开来，并向白人青少年社区渗透。当唱片公司看到嘻哈音乐在民间有如此之多的追随者，当名牌时装公司看到嘻哈风格的服装在青年人中如此流行，便都介入了"嘻哈领域"。于是，开始有唱片公司专门为那些饶舌歌手制作唱片并进行宣传和推销，运动名牌阿迪达斯、耐克等企业也开始设计生产嘻哈风格服装。我们已无需考证是这些名牌企业对嘻哈的发展推波助澜还是"嘻哈"帮助企业营销，总之，嘻哈文化逐步从次文化步入主流文化，并成为在全球都有影响力的嘻哈产业。

（二）嘻哈服装特点

嘻哈风格服装是嘻哈文化、嘻哈时尚的重要组成部分，也是嘻哈青年的形象标志。

1. 初期的嘻哈风格服装

20 世纪 70 年代生活在美国纽约布鲁克林区的黑人青少年由于家庭经济状况窘迫、兄弟姊妹又多，因此家长们为了不让小孩子的衣服淘汰得太快，经常购买尺码较大的T恤，以此保证能够穿着较长时间。这就是嘻哈风格服装的基调：宽松的超大尺码。他们对宽大风格的偏爱还有一个原因是当时的黑人社群里，由于就业困难，许多青少

年常常无所事事而流浪街头，这种宽大厚重、带帽的服装是他们街头游荡的必需品，再加上当时街舞的盛行，穿着宽松的衣服为这些技巧性很高的舞蹈动作提供了肢体运动的方便，因此，宽松得足以掩盖体型的超大码服饰就这样诞生了。20 世纪 70 年代的嘻哈风格服装品种主要有尼龙夹克、T 恤、牛仔裤、运动鞋、棒球帽。

2. 转型期的嘻哈服装

20 世纪 80 年代是嘻哈文化确立的重要时期，也是嘻哈服装成为流行时尚的萌芽期。尽管此时的"嘻哈"服装还没有发展成熟，但由于嘻哈明星们的带动，嘻哈风格服装开始流行起来甚至在白人社区也开始被仿效。当时的许多歌星都是业余服装设计师，他们自己搭配设计服饰。嘻哈风格服装在这些饶舌明星的"摆弄"之下，悄然的变了"味"：超大、超粗的金饰成为嘻哈明星的最爱，由原本黑人社区里的穷孩子转变成挂满金饰的阔佬。这些歌星们通过服装消费表达自我：我有，我消费！嘻哈风格服装不再代表黑人和工人阶级的形象符号，相反他们成了名牌服装。于是在 20 世纪 80 年代，印有名牌设计师 LOGO 的服装，成为嘻哈风格服装的象征。对于嘻哈明星的追随者来说，他们也开始穿着"仿名牌"服装。当时的许多名牌服装都被仿效，一时间，仿名牌的古奇（Gucci）、芬迪（Fendi）等出现在街头。20 世纪 90 年代初，一批布鲁克林嘻哈追随者就曾把拉尔夫·劳伦（Ralph Lauren）服装标签缝在并非拉尔夫·劳伦的服装上，这无疑是对名牌服装开了一个很大的玩笑。图 5-21 中 Run-DMC❶ 说唱组合成员戴着粗大的金项链，似乎带有炫耀的心理。

◀ 图 5-21

20 世纪 80 年代嘻哈服装 1

20 世纪 80 年代，Run-DMC 说唱团展示他们新的嘻哈风貌，粗大的金饰在告诉大家，他们不再贫穷。

---

❶ 美国著名黑人说唱乐队，东海岸嘻哈的代表，是首支打进 Billboard 流行专辑榜前 10 名的说唱乐团。

▲图 5-22

20 世纪 80 年代嘻哈服装 2

饶舌女歌手莉儿·金（Lil Kim）穿戴夏奈尔服装和帽子。

20 世纪 80 年代早期，嘻哈风格服装主要是休闲服和运动服的混搭。主要体现在男装中，基本都是一些实用的、传统的服装：皮夹克、短大衣、颜色鲜艳的名牌运动服、灯芯绒或直腿牛仔裤、连帽运动衫、运动鞋和帽子。配饰有：黄金首饰、棒球帽、超大墨镜、篮球鞋等。嘻哈女青年的穿着并没有什么特点，仅是一些街头风格的服装：牛仔裤、露脐装、高筒靴、紧身裤、大耳环、假指甲、文身、直发编成的小辫、超大的黄金首饰等。还有一些嘻哈女青年的穿着类似于男性的着装风格，诸如一些嘻哈女歌手们，她们挑衅式的、男性化的着装风格最终领导了嘻哈女青年的装束（图 5-22）。

3. 嘻哈服装的多样化

20 世纪 90 年代典型的嘻哈服装风格是印有黑人联盟或者足球队名称、著名设计师名字的棒球帽；羊毛帽和包头的印花大手帕；羽绒服或在寒冷天气穿着的针织外套、连帽衫；他们将牛仔裤、迷彩裤用松松垮垮的穿着方式穿在身上，并满头扎起来了小辫，清晰地确立了嘻哈青年的形象。20 世纪 90 年代伴随着饶舌歌星的精彩表演，他们的服装也向亚洲等其他地区传播（图 5-23）。

4. 嘻哈服装进入高级时尚圈

"嘻哈"服装自从诞生之日起就打上了"贫穷"的烙印，因此在以用服装来提高个人社会层次的高级时尚圈中，嘻哈风格服装并不被看好。但是随着 Hip-Hop 屡屡创出唱片销量神话，嘻哈明星和他们的服装也成为大众追捧的对象，以及相应的嘻哈产业的创建，嘻哈服装逐渐向主流服装文化进军：高级时装设计师把嘻哈元素运用到他们的时装秀中。一些运动名牌不遗余力地推出"嘻哈

▲图 5-23

20 世纪 90 年代的嘻哈服装

印有设计师品牌的棒球帽、皮夹克、连帽衫。

风格"的服装以适应市场的需求，只是这些运动名牌并没有把街头作为他们的生产目标（尽管嘻哈文化起源于街头）。一些运动品牌像阿迪达斯、锐步、耐克等体育用品名牌已经被嘻哈文化"侵蚀"，成为嘻哈时尚的领导品牌和嘻哈潮流的指示器。当说唱明星们预感到他们对主流顾客群体如日中天的影响力足以催生一个巨大的市场时，于是纷纷建立了个人服装品牌。通过嘻哈明星对嘻哈形象的重新诠释，嘻哈风格服装不断趋于高端，向名牌靠近。图 5-24 中说唱歌手卡姆·伦（Cam Ron）身穿华丽的粉色皮草大衣参加 2003 年时装周。"嘻哈"创造了自己的流行趋势和消费文化。

◀ 图 5-24

卡姆·伦

卡姆·伦（左）和导演达蒙·戴西（Damon Dash）。

（三）嘻哈服装审美现象评述

嘻哈风格服装最大的特点就是运动感。而这种运动感不仅表现在宽松的造型上还表现在运动服的服装种类上。嘻哈文化的产生与音乐、舞蹈有着千丝万缕的联系，自然要求服装上要能适应街舞的肢体律动。于是，宽松、留有一定运动量的款式，吸汗、透气性能好的弹性面料就成了嘻哈服装风格的一大标志（图 5-25）。

另外，休闲也是嘻哈的特点，那些宽宽大大、松松垮垮的服装，使他们看起随意而漫不经心，这样的服装与正式场合无缘。尽管嘻哈文化起源于草根，但是今天它却发生了逆转。嘻哈明星们依然穿着宽松肥大的运动服，但却是一身昂贵的运动名牌。他们用这种包装效果与出名前的窘境告别。当很多名牌运动服公司开始生产嘻哈风格服装时，

▲ 图 5-25

嘻哈服装广告

嘻哈品牌 G-Unit 服装广告,该品牌由纽约著名的饶舌乐团 50 Cent 创建的,这幅广告生动地展示了当代的嘻哈青年形象。

嘻哈文化和嘻哈服装就完全与当年的"贫苦"出身告别了。如今,嘻哈服装已经从最初邋遢的着装风格和黑人青年穿着的廉价而宽大的运动服发展成为全球流行服装并成为"酷"的标志。嘻哈文化已经征服了世界,无论在美国还是在亚洲,我们都可以看到嘻哈青年的形象。法国影响时尚界至少用了 100 年,嘻哈征服时尚只用了不到 40 年(图 5-26)。

▲ 图 5-26

日本的嘻哈青年

◢▲深入思考

　　嬉皮、朋克、嘻哈服装审美现象都离不开牛仔裤的表达,它们各有什么不同?

四、牛仔裤审美现象

　　牛仔裤是一件既国际化又大众化的服装,它几乎遍布世界各地的每个角落,无论男女老少、无论哪个阶层甚至无论春夏秋冬,人们都在穿着它。尤其是在大学校园里,牛仔裤几乎是每个大学生的必备服装！作为典型的美国服装文化，1976 年美国 200 年国庆之际，牛仔裤作为美国人民对人类服饰文化的贡献被送进了迈阿密的博物馆，载入美国史册。牛仔裤在世界服装史上创造了两个奇迹：一是从诞生至今，它的流行久经不衰；二是它受到了全世界男女老少、贵族贫民的普遍欢迎和认可。超越时间、跨越地域使牛仔裤成为一种永不"褪色"的国际流行大众服装。因此，在当代西方服装审美现象中，牛仔裤的审美现象是非常具有普遍意义的，它甚至可以囊括以上所讲的所有服装审美现象。提到牛仔裤，先要谈到牛仔布和淘金工人。

（一）牛仔布

大约在 16 世纪，欧洲就已经出现所谓的牛仔布。这是一种质地紧密、厚实的斜纹组织面料，500 年前哥伦布发现新大陆时这种坚韧、实用的粗糙布料被用来制作船帆。

牛仔布的前身是一种厚实的斜纹粗棉布，产于 16 世纪法国的小镇尼姆（Nime），因此法文取名"Serge De Nime"。后来这种布料传到了英国，英国商人很难发出它的法文音，就把它的名称简化为小镇的名字 Nime，即我们现在称作的丹宁布（Denim），俗称"劳动布"。这种面料产生后的很长一段时间是用来制作帐篷、马车篷、船帆的，而没有延伸至服饰领域。最初尝试用这种斜纹的丹宁布作服装面料的是意大利人。最早的记载是在 1567 年，意大利北部有个叫热那亚（Genoa）的港口，那里的水手首次穿着丹宁布制作的工作裤，并把这种工作裤称为 Genoese。因为 Genoese 与 Jeans 有相似的发音，后来美国人为方便起见就用 Jeans 来称呼这种由丹宁布做的水手裤。1920 年左右，牛仔裤的鼻祖利维公司开始正式用 Jeans 来称呼用丹宁布这种面料制作的来自热那亚水手裤款式的斜纹裤，Jeans 就是后来的牛仔裤。

（二）牛仔裤与淘金工人

认为牛仔裤就是牛仔的装束，这其实是牛仔裤在流行与传播中所造成的误会。历史上，牛仔裤并非诞生在牛仔身上，也不是牛仔的典型服装。牛仔（Cowboy）指的是 19 世纪后期美国南北战争结束以后，以得克萨斯州为中心的美国西部大草原牧牛业兴旺时期产生的一批在西部牧牛和将长途贩运作为工作的被雇佣者。由于他们长期露宿野外，面临着各种恶劣气候的考验和生存的挑战，服装便成为他们自我保护的一种"工具"。因此，"实用"是牛仔们的着装原则，一套牛仔的行头是由宽檐高顶毡帽、印花方巾、束袖方格绒布衬衣、紧身无袖皮制短上衣、皮制套裤、宽皮带、高筒皮套靴以及一支柯尔特左轮连发手枪组成。当时牛仔们典型的裤子是一种皮套裤（图 5-27）。

◀ 图 5-27

穿皮套裤的牛仔

这种裤子源于古时西班牙布道团雇来替他们看管牛群的印第安人所穿，后来美国的西部牛仔也穿上了这种裤子。

　　对于牛仔来说，牛仔裤是一件来自于淘金工人的"舶来品"。由于影视作品中穿着牛仔裤的牛仔形象的传播，使得牛仔裤和牛仔服成了牛仔们的标志（图5-28）。

◀ 图 5-28

美国 20 世纪 50 年代的电视剧中的牛仔形象

他们的服装体现了生活的艰辛。

第五章　服装审美现象

153

牛仔裤这个名称是在 1920 年左右开始使用的，之前它被称为及腰工作裤或撞钉裤。1849 年美国加利福尼亚掀起了一股"淘金热"。淘金始于 19 世纪 30 年代的西弗吉尼亚（West Virginia），在 19 世纪加州各地和整个西部都十分盛行。当时大部分去西部淘金的人只把眼光投注在地面上，而事实上，真正赚钱的却是那些靠把生活用品卖给淘金者的商人们。牛仔裤就是在这种情况下产生的（图 5-29）。

▲ 图 5-29

穿牛仔裤的淘金工人

利维·斯特劳斯（Levi Strauss）被公认为美国牛仔裤的发明者。1853 年，利维尝试着把给淘金工人作帐篷的帆布用来做裤子，并受得克萨斯牧童所穿的浅裆裤的启发，用帆布裁剪制作成低腰、直腿、臀围紧小的裤子，并把它们卖给当时的淘金工人、伐木工人而受到欢迎。后来一位来自内华达州的裁缝雅克·戴维斯（Jacob Davis）发明了用金属铆钉加固男装

▲ 图 5-30

裤上的铆钉（撞钉）

用以加固口袋的撞钉已成为牛仔裤的标志。

工作裤后袋的方法，并建议利维把这项发明运用在当时的这种工装裤上。于是在 1873 年，利维和雅克一起为这种工作裤上所用的铆钉申请了专利，并开始在旧金山市生产钉上铆钉的工作裤（图 5-30）。

牛仔裤最初是一条工装裤，在它使用的很长一段时间内，一直只作为裤装的单一品种发展。牛仔裤有两种基本款式：齐腰式、背带式。19 世纪美国西部乡村随处可见的装束是：没有经过熨烫的棉质衬衫、牛仔裤、短马甲、毡帽。当时孩子以及各年龄层的人们都穿着斜纹布或其他结实的棉布制成的牛仔裤或连身裤。

（三）牛仔裤的传播

牛仔裤在 20 世纪初期仍拘囿于美国西部的乡村，它的主要消费群体是农场主人、移民、佃农、年轻人。在经济萧条时期它受到人们的青睐是因为它价廉物美而且容易买到。当时除了牛仔裤还有牛仔衬衣、牛仔夹克。这个时候的牛仔裤、牛仔"工作服"的设计是以实用为主的。

1. 牛仔裤在全美的普及

20世纪30年代牛仔裤和牛仔服开始在全美普及。牛仔裤在全美的普及首先源于一个政治契机。由于萧条时期物资的匮乏，因此罗斯福总统在他的"新政"政策中，把牛仔裤、牛仔布工作服作为福利品或工作制服向贫困者分发。当时美国平民防卫军的工作制服就是由蓝色牛仔衬衣、长裤、鸭舌帽组成的。经历过经济萧条时期的人们把牛仔服视为"幸运者的制服"。牛仔裤也因为是由政府分配的"救济品"而被赋予了高于服装之上的严肃的政治意味，这同时也扩大了牛仔裤在全美的普及。

另外，经济原因也加速了牛仔裤（服）的普及。20世纪30年代经济萧条时期，生活在东部的中产阶级开始对去西部度假发生了兴趣，因为去那里度假经济实惠。对于东部去西部的观光客来说，不仅为西部旖旎的风光所吸引，更为牛仔的传奇故事所折服。所以当他们返回东部老家时，已经把牛仔裤作为西部民间风俗的一部分带回了东部。这样，在美国中西部农业地带几乎人人都穿的牛仔裤第一次被带到密西西比河以东的繁华都市。

2. 牛仔裤在世界范围的普及

20世纪50年代，随着美国"超级大国"的世界地位的确立，美国的文化、价值观也开始波及、影响着欧洲及世界各国。牛仔裤（服）这时已成为美国特有的"民族服饰"，它的功能发生了巨大转变，种类开始丰富起来，并且作为美国文化的一部分也开始向欧洲各国及亚洲地区广泛传播。

20世纪50年代，电影成为人们业余生活中重要的一项休闲活动。这个时期是美国电影业迅速崛起时代，同时也是好莱坞西部电影的黄金岁月。在西部影片中，男主人公塑造的银幕形象通常都穿着牛仔裤、牛仔衬衣、马靴这身行头。当时著名的影星马龙·白兰度（Marlon Brando）、詹姆斯·E.狄龙（James E. Dillon）身穿牛仔服的形象已成为20世纪美国好莱坞银幕的经典形象（图5-31）。这些银幕上

▲ 图5-31

马龙·白兰度在电影《飞车党》中的牛仔造型

的"硬汉"在生活中也酷爱牛仔服。而他们的牛仔形象更是经常被刊登在电影海报、娱乐杂志上，这无疑加速了牛仔服装的流行与普及。

虽然影视娱乐业对牛仔服的传播起到了重要作用，但牛仔裤本身良好的功能性也是它能被消费者接受的原因之一。牛仔裤最初主要是向欧洲各国传播并被接受的。这是因为，一种服饰文化在传播过程中，最容易接受的群体是与之有着相同或相似的文化背景的群体。即两个身处不同区域但文化背景具有相似性的群体，便会很容易形成一种服饰审美的认同效应，当它们一旦发生接触时，服饰的交流和融合会发展得很顺利。因此，许多欧洲国家便很快接受了牛仔服。

（四）牛仔裤使用价值的转变

西部度假热，使得牛仔裤穿在了东部那些不需要劳动的中产阶级身上，牛仔裤的休闲味道开始产生了。而真正使牛仔裤发生转变还离不开当时一系列的商业活动。20世纪30年代末期，美国发展起一项"牛仔马术"竞赛活动。在这项活动中要求选手穿着牛仔服以模仿当年的牛仔形象，这是一项能够锻炼胆量、强健身体的休闲运动，在当时很受欢迎。而牛仔裤（服）作为这项运动中的"标准服装"已经被当作是一件爱国休闲服装看待。另外，牛仔裤生产商也通过商业手段加速了牛仔裤的休闲化。利维公司针对东部的市场设计了一种比普通劳动用牛仔裤面料更为轻薄的牛仔面料（普通牛仔裤为13盎司）制成的牛仔裤，以适应休闲的需要。Lee公司也同样针对西部的观光客推出了具有休闲风格的"Lady Lee Riders"新品牌女装牛仔裤。

（五）设计师牛仔

牛仔裤自诞生至20世纪70年代，一直是以实用的工作服形式为人们所接受。即便是在嬉皮士、朋克、好莱坞的明星们热衷于穿牛仔裤的时代，它也并未因此脱离它的"贫民"本色。然而在20世纪70年代末，一些高级时装设计师开始将目光转向牛仔服，使牛仔服的"身份"开始发生转变。"设计师牛仔"就是在这一时期产生的。

"设计师牛仔"发端于20世纪70年代末，盛行于20世纪90年代。它是指以时装设计师名字作为品牌标志的牛仔裤（服）。通常采用细致、高档的牛仔面料，设计中极其注重细部设计，而其价格也远远高于一般牛仔服的售价。设计师牛仔在美国率先崛起，首开先河的是美国设计师卡尔文·克莱恩、拉尔夫·劳伦、克莱尔·麦卡德尔（Claire Mc Cardell）等。他们把高级时装的奢华、精致等元素融入到牛仔裤（服）的设计中，为牛仔裤（服）增添了许多贵族气。牛仔裤步入高级时装领域以来使向来以

"时装之都"自傲的巴黎高级女装设计师也为之侧目，纷纷建立了自己的牛仔品牌路线。设计师牛仔无论是在形象上还是售价上都把牛仔服提升到等同于高级女装的地位，与此同时牛仔服也为高级时装注入了新鲜的活力（图5-32）。

◀图5-32

牛仔裤广告

1976年，设计师卡尔文·克莱恩成为第一个展示牛仔裤设计的设计师。

牛仔裤在我国的引进，为我们打开了一扇融入国际化服饰潮流的大门。国人对于牛仔裤的接受也绝不仅仅是对一件服装品种的接受，更多的标志着我们对一种新的服饰观念、服饰文化以及生活方式等方面的接受。牛仔裤在我国的发展经历了一个由接受与排斥并存到接受与吸收并存再到创建自己品牌的几个阶段。在这一历程中，它既反映了我们对异质服装文化的融合又是中国服装融入世界的标志。

（六）牛仔裤的审美现象评述

牛仔裤是美国的也是世界的。它之所以持续流行主要原因是：

（1）良好的功能性是服装广为传播的基础：牛仔裤在生产劳动中产生，结实耐磨、设计合理，实用而又不失美观，这是它得以广泛流行的首要原因。

（2）可操作性使牛仔裤能够持续发展：牛仔裤在加工上不像西服那样严格、烦琐，其工艺简单、可操作性强，而且牛仔布经济实惠，这些都促使牛仔裤加工商可以大量进行生产。

（3）牛仔裤是一件来自蓝领阶层的服装，这使得它拥有一定的大众消费群体：牛仔裤的搭配自由、随意、不受束缚，无论是嬉皮风貌、朋克风貌还是嘻哈风貌均离不开牛仔裤的塑造。牛仔裤休闲的风格使它的设计"语言"非常广阔。

以上是活跃在 20 世纪中后期的西方服装审美现象，可以看到这些审美现象的出现不是孤立的，它们的产生与传播是由多方面因素造成的。其中嬉皮文化、朋克文化、嘻哈文化是欧美青年亚文化的一部分，直接体现了青年人的生活观、价值观。现在我们对街头那些穿着破洞、毛边朋克风格牛仔裤的青年形象已经习以为常，而穿着嬉皮风格、朋克风格服装的人群也并不一定都是嬉皮士和朋克青年。或许对于这些服装审美现象的渊源穿着者未必说清楚，他们只是选用了他们认可或喜欢的一种服装款式穿在身上。对于这些服装审美现象已经不能简单用一个"美"字去评价它们。它们有着鲜明的文化特色和风格，这也正是它们的审美特点。

第二节 │ 当代国内服装审美现象

新中国成立至今，我国人们的着装经历了从传统服装到国际化服装的转型，从千篇一律的款式到与国际接轨的时尚变化，这其中既有特定社会背景影响下我国特有的服装审美现象，也有受外来文化的影响并与我国本土文化相碰撞的服装审美现象。这些服装审美现象有的已经成为"历史"，有的依然影响着一定人群的着装。

一、"军装时尚"审美现象

作为军队制服的军装，在穿着上有一套严格规范的制度，不用说普通人不能随便穿着，就连军人本身也要服从军队的着装制度。在 20 世纪 60 年代，"军装"成为人人都穿的"时尚"，尤其是在年轻人中间，穿上草绿色的军装是何等的神气（图 5-33）。

军装作为"文革"时期着装文化和

▲ 图 5-33

20 世纪 60 年代的军装

着 65 式军服的陆军战士。1965 年，我军取消军衔制，全军官兵一律改为佩戴红五星帽徽、红领章，戴解放帽，海军军服样式与陆军、空军相同，颜色为灰色。

服装审美的一个特殊现象，在中国当代服装史上是不容忽视的。简单、朴素的"军装"能够成为人人都穿的时尚服装，其背后有着深层的社会原因。

（一）"军装时尚"审美现象的流行

1966—1976年"文革"十年是中国历史上特殊的一段时间，在中国服装史上，这个时期的服装有其自己独具特色的审美取向。"文革"时期，最为时尚的装束莫过于穿一身不带领章、帽徽的草绿色旧军装，扎上棕色武装带，胸前佩戴毛泽东像章，斜挎草绿色帆布挎包，胳膊上佩戴着红卫兵袖章，脚蹬一双草绿色解放鞋。在原有的艰苦朴素、勤俭节约的思想风尚中，又增添了浓烈的革命化、军事化色彩。除红卫兵外，工人、农民、教师、干部、知识分子中相当一部分人也穿起了军便服，开始了"十亿人民十亿兵"的军便服时代。

军装的盛行程度在青年人中可见一斑。谁都想搞到一套，没有全套，半身也行；没有新的，旧的也不错。男生穿，女生也穿。女青年们为了配合戴军帽，还把长辫子剪成短发，梳成两个"小刷子"。军帽、军装、皮带、解放鞋，就连结婚礼服都是绿军装，这就是20世纪60年代的时尚。这样的服装款式一致、色彩单一，不分男女，不分职业，但却浑身散发着"革命"气息，这也正是那时的时代精神。军装是革命的标志，也是最值得骄傲的时尚（图5-34）。

▲ 图 5-34

身着 20 世纪 60 年代军装的女青年

（二）"军装时尚"审美现象评述

"军装时尚"使得年龄与性别的差异不复存在，人们穿上它不是为了追求个性恰恰相反是为了追求共性。穿上军装的人是在标示自己的革命性、先进性、正确性，这是让人引以为自豪的。

那么，军装为什么能成为民众的着装时尚呢？首先，国家主要领导人在重大政治场合穿一身戎装起到示范作用。"文革"期间，国家领导人接见红卫兵时都选择穿军装，这也是偶像着装魅力的影响。其次，当时军人、军队在民众心目中拥有较高的地位，普通民众内心深处容易产生"崇军"思想，军装自然成为大众日常着装实践的标样和典范。另外，当时国家领导人的诗词对民众日常着装选择具有一定的影响。毛泽东于 1961 年所作的《为女民兵题照》："飒爽英姿五尺枪，曙光初照演兵场，中华儿女多奇志，不爱红装爱武装"，对军装这股风潮起到推波助澜的作用，军装迅速被推到时尚的最前沿。再有，20 世纪六七十年代我国国民经济水平滞后，人们日常服装品种极其有限，由于经济原因，人们的服装朴素而重实用，军装的方便实惠，无疑满足了人们的着装需求。

现在这身曾经记载了一个特殊时代历史的服装，曾经使大众盲从、使一个民族没有性别区分的服装伴随着 20 世纪 80 年代的改革开放，就像翻过去的日历，远离了我们的生活。如今，我们只能从一些文艺作品中领略当年的"军装时尚"（图5-35）。军装带给人们的不仅是一个服饰形象还是一个时代的"形象"，也是一代人的集体回忆。它曾经在全国的风靡，是当代很多流行服装都难以媲及的。

▲ 图 5-35

油画作品中军装形象

二、"汉服热"审美现象

21 世纪初期不得不提及的服装审美现象就是汉服审美现象。

（一）什么是汉服

所谓汉服，存在着两种释义：一种是对整个汉民族服装的统称，而另一种则是特指汉朝的服装。在中国服装史上，汉民族的服装占有绝对的主导地位，并经过历史的积淀逐步形成了一套完整的体系。汉朝服装是汉民族服装在历史长河演变中的一个阶段。很显然，作为传统文化的一部分，我们更应该将汉服理解成为汉民族的服装。实质上，在"汉服热"的汉服运动中，那些被现代人穿在身上的汉服不仅仅是汉代服装，还有唐代、宋代等。

中国服装史上，自清代统治者执政后施行"剃发易服"的服装政策，自此，汉民族的传统服饰——汉服逐渐淡出人们的生活。新中国成立以后，除了僧侣和道士穿着的服装还有汉服的"影子"外，汉服几乎在日常生活中绝迹。汉族也成了中国唯一没有自己服饰的民族。

（二）"汉服热"现象的兴起与传播

"汉服热"是伴随"国学热"的兴起而兴起，自 2000 年就已经初露端倪，2002 年，针对当时人们普遍认为唐装（满式服装旗袍、马褂）是汉族服装的情况下，不少有识之士力求正本清源，致力于努力恢复清朝之前的汉族传统服饰的运动。2003年，郑州街头出现了身着汉服的爱好者，引起围观和热议（图 5-36）。

图 5-36 中这件汉服是由曲裾深衣和外氅两部分组成。不同于清代长袍马褂的是，汉服没有纽扣，全部都是系带。尽管有人嘲笑，有人不解，这位年轻人还是坦然地穿过人群，走在郑州最繁华的街道上，很快这张照片就在网上转载，报社也据此写成新闻报道。汉服爱好者的举动开始流传，并得到了很多人的支持响应，不久在全国掀起了汉服复兴的浪潮。围绕汉服进行网络大讨论、相关汉服社团开始正规注册、传统节日穿着汉服以此复兴传统文化……全国各地的汉服活动层出不穷，汉服爱好者也遍布北京、上海、广州、武汉、杭州、南京等中心城市，掀起了一股"华夏复兴，衣冠先行"的热潮。这其中，以青年人自发的"汉服运动"最突出。"汉服运动"以汉民族传统的衣冠为切入点，以复兴汉服的方式来影响大众，进而推广和弘扬汉民族传统文化，主体参与人群是传统文化的爱好者，他们通过各种活动推广汉服。

▲ 图 5-36

2003 年身着汉服的爱好者

这件汉服虽然简陋，甚至有点不合身，却掀起了人们对汉服的关注。

（三）"汉服热"服装审美现象的评述

汉服是一个宽泛的概念，泛指三皇五帝时期到清政府实行剃发易服前的汉族所着服装系统。历史上各个朝代由于社会文化、审美标准的不同而略有不同，但是为其章法不变的是宽松、右衽、大袖，二维的服装造型。那么具体到哪一历史时期的服装作为汉民族的代表服装呢？至今无一定论。

"汉服热"现象是传统文化热现象的一部分。改革开放以来，随着我国综合国力的大幅提高、国际地位的提升，中华文化不断地得到了世界的关注与重视。与此同时，国人民族自尊心和自信心觉醒，开始反思那些优秀的传统文化，并举力保护继承。这样，许多传统文化从沉睡中惊醒，汉服作为传统文化的一部分，也受到了关注与重视。虽然汉服作为历史服装离我们越来越"远"，但是在汉服推广者的带动下，汉服走入我们的生活中。一些汉服爱好者、汉服社团不乏尝试在日常生活中穿着汉服旨在推广汉服，他们身着汉服的身

▲ 图 5-37

汉服爱好者日常穿着汉服

影穿梭在高楼林立的现代化城市中，仿佛"穿越时空"的人物向我们走来（图 5-37）。

在现代化的生活节奏中，汉服的宽袍大袖俨然为生活带来诸多不便。作为传统文化的一部分，"汉服"不仅体现在它的外在造型上，更重要的是"汉服"所体现的华夏民族衣冠制度的礼仪文化。汉服之美也就蕴含在以服饰为载体的汉服礼仪文化中，这是典型的儒家所提倡的礼制在服饰上的反映，它直接影响了中国人两千年来的服饰观念与风格。当代，通过汉服运动等旨在弘扬和传承国学文化和传统礼仪，这也是现代人把老祖宗的服饰重新挖掘出来的意义所在。在一些传统文化活动中，身着"汉服"不仅可以增加活动气氛还是对中华服饰礼仪文化知识的普及。

三、"日、韩时尚热"服装审美现象

日本、韩国的流行时尚处于亚洲的前沿。20 世纪六七十年代出道的几位日本先锋大师对整个时装界都产生了不可忽视的影响，有着鲜明风格的韩国服装设计师，也是全球时装流行趋势的引领者之一。它们对我国的服装流行都产生了一定的影响，并形成了"日、韩时尚热"服装审美现象。

（一）"日、韩时尚热"产生——哈韩族、哈日族

"日、韩时尚热"是对日本和韩国流行文化和时尚的追随与效仿。这种追随是多方面的，其中服装是主要体现。这样的群体，在我国大众流行文化中被称作"哈韩、哈日"族。所谓"哈韩、哈日"其中"哈"字含有崇拜、渴望的意思。"哈"是台湾地区青少年的流行用语，指"非常想要得到，已经近乎疯狂程度"。其中，"哈韩"族也是近几年在青少年中形成的一股潮流，指那些狂热追求韩国音乐、电视、时装等流行文化，并在穿着打扮和行为方式上进行效仿的人群。他们热衷于韩国的服装、化妆品、

音乐、影视剧以及日用品等。同样,"哈日"是指对日本流行文化的仿效,并在穿着上体现出来。"哈韩"或"哈日",作为一种潮流,有着异曲同工之处,因为,韩国的很多流行文化也是从日本那里流行过来的。

(二)"日、韩时尚热"的审美特点

在高级时尚圈中,日、韩设计师把浓郁的东方情调带入西方时尚界并得到追随与认可,在大众服饰流行圈中,他们的服装、化妆、配饰引领潮流并形成种种风格。日、韩时尚融合了欧洲的服饰文化同时也注意对本国文化的珍惜与保留,它们的时装大胆前卫又不失民族的个性。服装讲究整体配套,从头饰、配饰到鞋子都力求做到协调统一。日、韩时尚注重将生活观念、文化理念融入到服装中进而形成具有特色的服装风格。比如,来自日本的追求天然淳朴的"森女系"服装风格、甜美复古的"洛丽塔"风格❶ 等(图 5–38)。它们的服装具有很强的包容性,在职业女装中浪漫、精致、优雅,在休闲服中又展现了青春、时尚的色彩,这也是能够为大众追随的原因。尤其是男装还会尝试靓丽的颜色和从女装中借鉴设计元素的款式,为阳刚添加一些柔美的色彩。

◀ 图 5–38

洛丽塔风格服装

(三)"日、韩时尚热"服装审美现象评述

日、韩文化在我国的流行最早起因于日、韩电视剧的播出。由于日、韩影视剧作品的热播,日、韩流行文化逐渐涌进我国,并对民众产生了影响,尤其是在青年人中

---

❶ 洛丽塔风格服装源自日本。这种服饰风格受到维多利亚时代女童服装和洛可可时期服装的影响,娇巧、精细,装饰以花边、蝴蝶结、褶裥层叠堆砌为主要特点。

间。剧中主要演员不但成为年轻人的偶像，就连他们的言谈举止、穿衣打扮也成为影迷们模仿的对象。日本电视剧在 20 世纪 80 年代就登陆中国荧屏，在改革开放初期，日本电视剧中的女主人公得体端庄而又灵活多样的着装为我国观众带来了新的服装审美视角。韩剧在 20 世纪 90 年代中期登陆中国荧屏。1997 年电视剧《爱情是什么》在央视的热播带动了韩国娱乐文化涌入中国，并以此为契机逐渐形成一股韩国娱乐文化、流行文化热的潮流。21 世纪随着经典韩剧的热播，更是将这股潮流推向了最高峰（图 5-39）。

◀ 图 5-39

韩剧剧照

剧中人物造型青春、靓丽。

与此同时，日、韩的歌星、青春偶像组合等也不断地涌入中国文化市场。他们的装扮随着媒体的宣传，受到青年人的喜爱和追捧。这些偶像的服装别致、时尚、有气质，无形中推动了品牌服饰、化妆品的走俏。时装杂志、摄影等对服装美感的传达也起到了重要作用，日、韩时尚杂志制作精良，画面唯美，通过它们也无疑把日、韩服装文化介绍给了追捧者。加之，我国与日本、韩国毗邻，随着旅游业的发达，国人去日、韩的旅游也越来越方便，这些都加强了服装审美的交流（图 5-40）。

实质上，在"日、韩时尚热"中，服饰只是一部分。日本、韩国发达的时尚产业涉及甚广，从家居产品到电子产品，从食品到工业用品，甚至包括生活方式、生活观念等。服装的流行一方面作为独立的审美现象而传播，另一方面也受到相关时尚产业链的影响。由于同属亚洲人，相貌肤色接近并且日本、韩国与我国有着相似、相近的文化传统，因此，对于我国青年人来说，对日、韩服装的仿效要比对欧美服装的仿效自然的多。日、韩服装能够吸引中国青年的还在于他们的服装新鲜靓丽、青春时尚，

▲ 图 5-40

韩国青春偶像组合

她们的衣着成为"哈韩"青年的仿效对象。

尽管许多方面日、韩服装也是从欧美那里模仿来的，但是经过他们的模仿便注入了亚洲血液，也更加符合亚洲人的身材和审美（图 5-41）。因此，从服饰审美角度来看，日、韩服装给我国带来了一定的影响，尽管如此，我们依然可以欣慰的看到中国正在崛起的时尚产业和服装加工业发挥着越来越大的号召力。

▲ 图 5-41

韩剧服装的流行

韩国服装对欧美服装的仿效，韩剧中主人公的服装直接来源于欧美国家的高级时装发布。

本章小结

● 嬉皮、朋克、嘻哈服装审美现象是 20 世纪后期西方社会中具有代表性的服装审美现象。它们是嬉皮文化、朋克文化、嘻哈文化的一部分，服装作为青年人表达自我的外在形式，形成了与其文化相应的服装风貌，并且直至今日仍然活跃在时尚舞台上。

● 牛仔裤在世界的风靡原因是多方面的，但其良好的功能性是让人们为之喜爱的主要原因。

● 当代国内出现的一些服装审美现象是在相应社会文化背景之下产生的，这些审美现象以服装为依托，展现出我国社会的种种变化。

思考题

1. 嬉皮服装风貌、朋克服装风貌、嘻哈服装风貌产生的原因、发展历程以及在当代时尚中的体现。

2. "汉服热"审美现象中的汉服界定。

3. 如何正确理解"哈韩、哈日"现象。

实训项目

1. 以"寻找汉服"为主题，收集当代汉服的出现场合、形式、作用、穿着人群等，并讨论它们是怎样体现传统文化的。

2. 以"校园文化中的牛仔服审美"为主题，收集校园中的牛仔服形象，并结合朋克、嬉皮、嘻哈中牛仔服装特点加以分析。

写作题

谈谈你对本章所讲的国内外服装审美现象（任选其一）的认识。

参考文献

［1］ 朱光潜. 西方美学史［M］. 北京：人民文学出版社，1963.

［2］ 杨辛，甘霖. 美学原理［M］. 北京：北京大学出版社，1996.

［3］ 叶郎. 中国美学史［M］. 上海：上海人民出版社，1985.

［4］ 赵连元. 审美艺术学［M］. 北京：首都师范大学出版社，2002.

［5］ 易中天. 易中天谈美学［M］. 上海：复旦大学出版社，2006.

［6］ 王宏建. 艺术概论［M］. 北京：文化艺术出版社，2000.

［7］ 黄能馥，陈娟娟. 中国服装史［M］. 北京：中国旅游出版社，1995.

［8］ 李当岐. 西洋服装史［M］. 北京：高等教育出版社，2005.

［9］ 包铭新. 时装鉴赏艺术［M］. 上海：中国纺织大学出版社，1997.

［10］ 华梅. 服饰与中国文化［M］. 北京：人民出版社，2001.

［11］ 张竞琼，蔡毅. 中外服装史对览［M］. 上海：中国纺织大学出版社，2000.

［12］ 吴卫刚. 服装美学［M］. 北京：中国纺织出版社，2000.

［13］ 戴平. 中国民族服饰文化研究［M］. 上海：上海人民出版社，2000.

［14］ 岳永逸. 飘逝的罗衣：正在消失的服饰［M］. 北京：中华工商联合会出版社，2003.

［15］ 凯瑟琳·施瓦布. 当代时装的前生今世［M］. 李慧，译. 北京：中信出版社，2012.

［16］ 安妮·霍兰德. 性别与服饰［M］. 魏如明，等，译. 北京：东方出版社，2000.

［17］ 田中千代. 世界民俗衣装［M］. 李当岐，译. 北京：中国纺织出版社，2001.

［18］ 迪克·赫伯迪格. 亚文化风格的意义［M］. 陆道夫，胡疆锋，译. 北京：北京大学出版社，2009.

［19］ Vicky Carnegy. Fashion of Decade the 1980s［M］. New York：CHELSEA HOUSE，2006.

［20］ Douglas Gunn，Roy Luckett，Josh Sims·A. Collection From the Vintage Showroom［M］. United Kingdom ：Laurence king publishing，2012.

［21］ Chris Gatcum. Light and Shoot 50 Fashion Photos［M］. the UK：Alastair Campbell，2011.

［22］ Cbristopber Breward，Joanne B. Eicber，Jobn S. Major. Encyclopedia of Clothing and Fashion［M］. New York：Thomon Corporation，2005.

内 容 提 要

本书是"十三五"普通高等教育本科部委级规划教材。

服装美学是高等服装专业教育课程中的基础理论课,本书根据服装专业的学习需要,立足于学以致用、用以促学、学用相长的教学思想,密切结合当代审美文化,将美学与服装美学联系起来,介绍有关服装美和服装审美的专业知识。书中分别阐述了美学与服装美学的关系、服装美的分类、服装美的基本问题、服装美感、服装审美现象等问题,这些都是服装专业学科必备的知识。

本书可作为服装高等教育教材使用,同时对服装工作者、服装爱好者亦有帮助。

图书在版编目(CIP)数据

服装美学 / 毕虹编著 . -- 北京:中国纺织出版社,2017.7
(2023.3重印)

"十三五"普通高等教育本科部委级规划教材

ISBN 978-7-5180-3605-9

Ⅰ.①服… Ⅱ.①毕… Ⅲ.①服装美学—高等学校—教材 Ⅳ.① TS941.11

中国版本图书馆 CIP 数据核字(2017)第 111168 号

策划编辑:李春奕　责任编辑:杨　勇　责任校对:武风余
责任设计:何　建　责任印制:王艳丽

中国纺织出版社出版发行
地址:北京市朝阳区百子湾东里 A407 号楼　邮政编码:100124
销售电话:010 — 67004422　传真:010 — 87155801
http://www.c-textilep.com
E-mail:faxing@c-textilep.com
中国纺织出版社天猫旗舰店
官方微博 http://weibo.com/2119887771
唐山玺诚印务有限公司印刷　各地新华书店经销
2017 年 7 月第 1 版　2023 年 3 月第 4 次印刷
开本:787 × 1092　1/16　印张:10.5
字数:153 千字　定价:39.80 元
